变电设备电气试验培训教材

主　编　毛琳明

副主编　高惠新　魏泽民　黄国良　苏　宇　钱　昊

中国电力出版社

CHINA ELECTRIC POWER PRESS

内 容 提 要

　　本书立足现场检测实际和相关的理论基础，论述了各类变电设备的结构及原理、变电设备带电检测、停电试验的试验项目及方法，以及相关试验仪器操作方法，系统全面梳理了变电设备运检所需掌握的电气试验相关知识，以理论与实践相结合的方式，全面提升运检人员对变电设备试验技能的掌握水平，帮助现场工作人员扎实掌握电气试验技能，提升基层运检人员电气试验核心能力。

　　本书内容新颖、语言通俗、实用性强，突出理论和实践的结合，可供电力企业运行管理人员和技术人员使用，也可供其他相关人员学习参考。

图书在版编目（CIP）数据

　　变电设备电气试验培训教材/毛琳明主编 . —北京：中国电力出版社，2023.12（2024.9 重印）
　　ISBN 978 - 7 - 5198 - 8202 - 0

　　Ⅰ . ①变⋯　Ⅱ . ①毛⋯　Ⅲ . ①变电所－电气设备－电工试验－技术培训－教材
Ⅳ . ①TM63

　　中国国家版本馆 CIP 数据核字（2023）第 194654 号

出版发行：中国电力出版社
地　　　址：北京市东城区北京站西街 19 号（邮政编码 100005）
网　　　址：http://www.cepp.sgcc.com.cn
责任编辑：邓慧都（010 - 63412636）
责任校对：黄　蓓　郝军燕
装帧设计：张俊霞
责任印制：石　雷

印　　　刷：北京天泽润科贸有限公司
版　　　次：2023 年 12 月第一版
印　　　次：2024 年 9 月北京第二次印刷
开　　　本：710 毫米×1000 毫米　16 开本
印　　　张：11.5
字　　　数：212 千字
定　　　价：68.00 元

编　委　会

前　言

　　近年来，随着国民经济的快速发展，电网设备体量迅速增加，而运检人员老龄化加剧，人均工作量增加，运检人员掌握的专业知识理论深度不够，业务外包程度逐渐加深，主业人员的核心技能逐步缺失。变电设备电气试验是状态检修过程中判断设备状态的重要一环，要求运检人员具备充足的理论基础，熟悉设备结构、检测原理。目前大多数运检人员对电气试验技术的认识仅停留在仪器操作等表面，核心技能缺失将直接导致变电设备异常缺陷和干扰信号的误判、漏判，进而导致现场出现缺陷漏查或干扰误报等现象，降低供电可靠性，提高电网设备事故风险。

　　电气试验包括停电试验及带电检测，试验项目多、原理复杂，涉及高电压技术、电磁场等多专业内容。目前市场上电气试验相关书籍仅包括停电试验或带电检测，缺乏全面性和针对性，且大多以介绍检测原理方法为主，未结合设备结构及现场状态检修试验实例，对电气试验缺陷分析重要基础知识，如绝缘基础、设备结构等也未被重点提起，给运检人员开展缺陷分析判断造成较大困扰。因此，按照试验项目归类，结合绝缘基础、设备结构及现场工作实践，从理论基础到现场实践再到缺陷分析的思路，编制一本知识系统、内容全面、针对性强的变电设备电气试验培训教材，对提升运检人员电气试验核心能力具有很强的必要性和实践指导意义。

　　本书立足现场检测实际和相关的理论基础，系统全面梳理变电设运维所需掌握的电气试验相关知识，以理论与实践相结合的方式，全面提升运检人员对变电设备试验技能的掌握水平，帮助现场工作人员扎实彻底掌握电气试验技能，提升基层运检人员电气试验核心能力。

　　本书主要内容包括各类变电设备的结构及原理介绍、变电设备带电检测、停电试验的试验项目及方法的讲解，以及相关试验仪器操作方法的基本介绍。本书在编写过程中得到了国家电网有限公司相关单位和人员的大力支持，在此一并表示衷心的感谢。由于编写人员水平有限，书中难免有疏漏和不足之处，敬请专家和读者批评指正。

编　者

2023 年 8 月

变电设备电气试验
培训教材

目 录

第一章 电气试验技能概述

变电设备电气试验技术是在设备带电或停电状态下对设备进行状态检测，是设备投运、状态检修各环节发现设备内部隐患或故障的重要手段，是运检人员判断设备运行状态的重要依据。

第一节 带 电 检 测

带电检测是指电气设备在运行过程中，运用接触或非接触的方式，通过特定装置不连续地采集状态量的过程。

带电检测不需要设备停电，不会影响供电的可靠性，设备的在线状态（电压、电流、温度等）与运行情况相一致，能够真实准确地映射出设备运行过程中的缺陷，具有使用灵活、投入少等特点，广泛应用在状态检修领域。目前较为主流的带电检测方法主要有特高频检测法、声学检测法、红外检测技术、紫外放电检测技术、油色谱分析、SF_6分解产物测试、避雷器带电测试等。

一、特高频检测法

电气设备局部放电检测最早始于 20 世纪 30 年代。最初的检测方法是检测阻抗，通过测量脉冲电流来反映局部放电信号（即传统的脉冲电流法），检测频率一般不超几百千赫兹。随着对局部放电信号的研究逐渐深入，特高频检测法在电力设备局部放电检测中的应用也越来越广。研究表明，局部放电脉冲在气体介质和固体介质中上升沿时间为 0.35～3ns，发射出的电磁波中包含丰富的超高频分量，其中截止频率最高可达数吉赫兹。通过合适的信号耦合单元，可以在宽频带范围内实现局部放电的监测与诊断。

与传统的脉冲电流法相比，特高频检测法有明显的优势，其可以检测到很高的频率，通常为 0.3～1.5GHz，甚至更高。变电站等电气设备运行现场的空间电磁干扰频率一般在 400MHz 以下，采用特高频检测法可以有效抑制外部的电磁干扰，提高信噪比。宽频带的测量方式也极大地提高了测量灵敏度，并能够获取真实的放电脉冲波形，以便分析绝缘中局部放电性质和物理过程。

特高频检测法适用于运行条件下气体绝缘开关设备（GIS）、SF$_6$罐式断路器、电缆终端、油浸式变压器及互感器等设备的局部放电缺陷巡检及定位。

二、声学检测法

20世纪初，声学检测技术在电力系统中的应用首次亮相，其中放电和电晕检测采用的是听声法。20世纪40年代以后，电子技术快速发展，在此基础上研制出许多以声学为基础的仪器，这些仪器在电气设备绝缘及电介质缺陷的诊断中起着至关重要的作用。伴随着计算机技术的进步，数字化、自动化、实时化成为声学检测技术发展的主流方向，从原始的人耳辨声，逐步发展到声频测量。现代声学检测弥补了传统声学检测仅获取声压有效值而忽略相位的缺点，重视并利用声压的相位信息。声学检测技术作为重要的无损检测手段在电力系统中的应用越来越广泛，可应用于密封式的电气设备，如GIS、SF$_6$罐式断路器、电缆终端、油浸式变压器及互感器等。

三、红外检测技术

电气设备的运行状态与热量密切相关，接触不良和绝缘退化等缺陷均表现为热量和温度升高。红外检测采用远红外非接触式测温技术，可满足电气设备在高电压、大电流、高温等工况下实时温度检测的需要，具有效率高、判断准确、形象直观、安全可靠、不受电磁干扰等优点，已成为检查电气设备健康状况的必备手段。

四、紫外放电检测技术

电气设备在设计、制造、安装、运行、维护全过程中，任何一个环节出现问题，如高压导体表面粗糙、终端锐角、绝缘层表面脏污、高压套管和导体端子绝缘处理不良、高压线断股、线材压接不良、绝缘体不完整、绝缘体破损等，在工作时均产生高电场，从而引起电离放电。紫外放电检测技术的应用范围主要有：

（1）导线架线时拖伤、运行过程中外来损伤（如人为石头砸伤）、断股、散股检测。导线表面或内部变形会导致电场强度增加并产生电晕，人工评估和紫外线成像技术很难检测到，因此需要采用紫外放电检测技术。

（2）运行过程中绝缘子劣化检测。绝缘子劣化和表面积污会导致其在某些条件下产生放电，利用紫外成像技术可以观察到放电情况，并可以定位和定量测量损坏的绝缘子。

（3）电气设备绝缘缺陷检测。在电气设备绝缘耐压检测中，可利用紫外成像仪观察电晕情况，根据绝缘材料、结构形状及其他同类产品的检测结果，结合缺陷的严重程度，综合评定绝缘缺陷。

五、油色谱分析

油色谱分析法是通过对运行中的油浸式设备取样，分析油中溶解气体的成分和数量，确定设备内部是否存在潜在故障及潜在故障类型，并判定这些故障是否会危及设备的安全运行的检测方法。

油色谱分析法是一种重要的分离分析方法。由于不同物质在两相中具有不同的分配系数（或吸附系数、渗透率），当两相相对运动时，这些物质在两相中反复分布，从而达到分离的目的。

六、SF_6分解产物测试

SF_6在常态下是一种无色、无味、无毒的不可燃气体，密度约为空气的 5 倍，具有优异的绝缘性能和灭弧性能，广泛用作 GIS 和断路器等电气设备中的绝缘介质。当温度超过 500℃时，纯净的 SF_6 气体才会分解，但在高压和 190℃ 以上时，SF_6气体会与同样暴露在高温下的绝缘介质发生反应。因此，正常运行时 SF_6 气体电气设备非开断气室中一般不会产生分解产物，而存在故障和缺陷的 SF_6 设备会由于高弧光放电、强局部放电和异常高温产生大量的分解产物。综上，测量 SF_6 气体分解产物含量对于检测 SF_6 设备缺陷、快速判断 SF_6 设备故障部位有很大作用。SF_6 气体分解产物多种多样，最终分解产物有 SO_2、H_2S、HF，其中 HF 由于其化学性能活泼，难以准确测量，因此主要检测分解产物中 SO_2 及 H_2S 的含量。

七、避雷器带电测试

氧化锌避雷器在长期运行过程中由于发生故障而绝缘性能下降，其原因有很多，包括：①密封不严导致避雷器内部受潮；②氧化锌阀片长期承受工频电压发生老化；③操作过电压、雷电过电压等冲击电压的作用使其伏安特性改变；④污秽使氧化锌避雷器表面电位分布不均，引起局部放电。

在交流电压下，避雷器的总泄漏电流由阻性电流（有功分量）和容性电流（无功分量）组成。在正常工作条件下，容性电流主要流过避雷器，阻性电流只占一小部分，即 5％～20％。当电阻器老化、避雷器受潮、内部绝缘件损坏及表面严重污染时，容性电流变化不大，阻性电流急剧增大。因此，避雷器带电测试主要是检测泄漏电流及其阻性分量。

通常试验仪器的测量是用高灵敏度钳形电流互感器从氧化锌避雷器的接地引下线取其电流信号，电压信号经电压隔离器从与其相连的电压互感器二次侧取得，或用感应板从避雷器底座附近取得，电流、电压信号经过傅里叶变换可以得到被测氧化锌避雷器的全阻性电流、阻性电流基波值。

第二节 停 电 试 验

停电试验是获取设备状态量的重要途径，根据检测项目的性质，停电试验可分为绝缘参数试验、导流参数试验、机械特性参数试验三类。绝缘参数试验用于检查设备的绝缘性能，如绝缘介质是否老化、受潮或存在缺陷；绝缘参数试验在停电试验中应用最常用，涵盖范围最广，包括绝缘电阻测量、介质损耗因数测量、直流泄漏及耐压试验、局部放电试验和交流耐压试验等。导流参数试验用于检查变压器、电抗器、断路器和隔离开关等导电回路的导通性能，测量回路电阻或接触电阻。机械特性参数试验用于检测断路器、有载分接开关等机械传动设备的动作特性及变压器变形等。

一、绝缘参数试验

（一）绝缘电阻测量

测量绝缘电阻是检查电气设备绝缘状况最简单、应用最广泛的测试方法。从测得的绝缘电阻大小，可以帮助判断绝缘受潮和污染、绝缘劣化、绝缘击穿等缺陷，如各种贯穿性短路、瓷件破裂、引线接地、金属线搭桥引起半贯通性或金属短路等。

（二）直流泄漏试验

直流泄漏试验的基本原理与绝缘电阻测量相同，但与绝缘电阻测量不同的是，直流泄漏试验的试验电压要更高，并可任意调节，能有效发现绝缘的局部缺陷，如瓷质绝缘的裂纹、夹层绝缘的内部受潮和局部松散断裂、绝缘油劣化、绝缘沿面碳化等。试验结果重复性好，灵敏度较高。

（三）介质损耗因数（tanδ）及电容量测量

介质损耗因数（tanδ）及电容量是衡量电容型电气设备绝缘状况的一项重要指标，其测量具有检测灵敏度较高的优点，可以有效发现绝缘整体受潮、劣化变质及小体积被试品绝缘贯通和未贯通的局部缺陷。

（四）交流耐压试验

电气设备绝缘长期在额定电压下运行时，会受到工频过电压、操作过电压、谐振过电压和雷电过电压的影响，为了检验电气设备绝缘承受各种过电压的能力，通常采用交流耐压试验。交流耐压试验是在电气设备两端施加足够的电压，验证绝缘是否有效的试验方法，绝缘在规定时间内不失效即为合格。工频交流耐压试验的电压、波形、频率及绝缘内的电压分布与实际运行条件相吻合，能有效检测电气设备绝缘故障，工频交流耐压试验是电气设备绝缘承受各种过电压的最严格、最直接的试验，是保证设备安全运行的重要手段。

（五）局部放电试验

局部放电属于小能量放电，短时间内不影响电气设备的绝缘强度，是绝缘劣化的征兆，也是造成绝缘劣化的重要原因。

局部放电测量方法一般分为超声波法和脉冲电流法。超声波法通过检测局部放电的超声波信号，得到局部放电的大小和位置，灵敏度较低，通常用于局部放电源的定位；脉冲电流法通过检测阻抗，测量局部放电产生的脉冲电流幅值，经校正后得到被试设备的局部放电量，灵敏度高，按规定的试验程序在规定的测量电压下进行，试验结果具有可对比性。

二、导流参数试验

（一）断路器（隔离开关）导电回路电阻测量

断路器导电回路的电阻主要取决于动、静触头之间的接触电阻。接触电阻增加了电流流过导体时的损耗，会引起触头温度升高，直接影响导体正常载流能力和动、静触头分断短路电流能力。

断路器导电回路电阻测量应将断路器合闸，采用直流压降法对断路器导电回路施加直流电流，测量通过回路的电流和导电回路产生的电压降，并根据欧姆定律计算导电回路电阻。

（二）变压器直流电阻测量

变压器常规的例行试验项目包括检查绕组接头的焊接是否良好、绕组有无匝间短路、分接开关各位置接触是否良好、分接开关实际位置与指示位置是否相符、绕组或引出线有无断裂等。变压器无载分接开关挡位调整、有载调压开关检修、更换套管、出口短路或色谱判断有过热性故障等，都必须进行直流电阻测量。

变压器直流电阻测量采用数字式直流电阻仪，电阻仪内部装有恒压恒流源，能够保证充电电流快速稳定，缩短测试时间。当测量大容量变压器低压侧直流电阻时，由于励磁匝数少，受充电电流限制，充电稳定时间较长，可以采用串联绕组助磁方式，将变压器一、二次绕组串联，提高励磁磁动势，加深铁芯的饱和程度，缩短充电时间。助磁法测量后需考虑剩磁对变压器的影响，尤其对彻底放电比较困难的大容量变压器，必要时应进行消磁。

三、机械特性参数试验

（一）机械特性试验

断路器的分合闸速度、分合闸时间、分合闸不同期程度及分合闸线圈的动作电压，直接影响着断路器的分合闸性能。断路器的分合闸速度应在合理范围内，以充分发挥分断电流的能力，减小触头的电磨损和熔焊。刚分速度降低，会使燃弧时间增加，容易导致触头烧损；刚合速度降低，将引起触头振动或处于停滞状态。分合闸速度速度过高，运动机构受到机械应力增大，会造成个别部件损坏，机械冲击和振动使触头弹跳时间加长。断路器分合闸不同期会造成线路或变压器非全相接入或切断，出现危害绝缘的过电压。断路器分合闸线圈的动作电压偏高，会导致断路器不能动作；动作电压偏低，会导致断路器误动。断路器不能正常动作，会影响电网的安全运行。

断路器的机械特性试验采用高压开关综合测试仪，在断路器一次分、合闸操作循环中，能同时完成时间、速度等多项机械特性参数的测量，工作效率高。

（二）变压器绕组变形试验

短路阻抗法和频率响应法是变压器绕组变形常用的测试方法。短路阻抗法的原理与变压器短路损耗试验相同，通过测量变压器绕组在工频电压下的短路阻抗来反映绕组的变形、移位和开路或匝间短路等故障；频率响应法是将电压信号施加在绕组的一端口，采用数字化记录设备同时检测不同扫描频率下绕组两端的对地电压信号 $U_0(t)$ 和 $U_i(t)$，得到基于绕组电感、电容的传递函数 $H(j\omega) = 20\lg\{U_0(t)/U_i(t)\}$。扫描频率范围内传递函数曲线的差异变化，能够灵敏地反映变压器绕组的变形情况。

第二章 变压器试验

第一节 变压器原理及结构

一、变压器的工作原理

变压器是一种静止的电气设备,它利用电磁感应定律将电能转换为磁能,再将磁能转换为电能,以实现交流电压的变化。变压器的基本组成部分为铁芯和绕在铁芯上的两个或两个以上的绕组,绕组之间通常只有磁耦合而无电的联系。

变压器工作原理如图 2-1 所示,在同一铁芯上分别绕有匝数为 N_1 和 N_2 的两个高、低压绕组,其中接电源的、从电网吸收电能的 AX 绕组称为一次绕组(原绕组),接负载的、向外电路输出电能的 ax 绕组称为二次绕组(副绕组)。

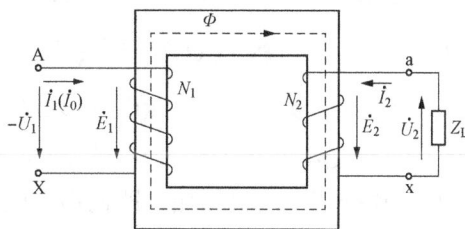

图 2-1 变压器工作原理

在空载状态下,当一次绕组外加电压 U_1 时,一次侧有电流 I_0 流过,并在铁芯中产生与 U_1 同频率的交变主磁通 Φ,主磁通同时链绕一、二次绕组,根据电磁感应定律,会在一、二次绕组中产生感应电动势 E_1、E_2,其计算如下

$$E_1 = 4.44 f N_1 B_0 S_c \times 10^{-4} \tag{2-1}$$

$$E_2 = 4.44 f N_2 B_0 S_c \times 10^{-4} \tag{2-2}$$

式中　f——频率,Hz;

N_1——变压器一次绕组匝数;

N_2——变压器二次绕组匝数;

B_0——铁芯的磁通密度,T;

S_c——铁芯的有效截面积,cm^2。

在理想变压器中，一、二次绕组的阻抗为零，有

$$U_1 = E_1 = 4.44fN_1B_0S_c \times 10^{-4} \qquad (2-3)$$

$$U_2 = E_2 = 4.44fN_2B_0S_c \times 10^{-4} \qquad (2-4)$$

得到

$$\frac{U_1}{U_2} = \frac{N_1}{N_2} \qquad (2-5)$$

从式（2-5）可见，改变一次绕组与二次绕组的匝数比，可以改变一次侧与二次侧的电压比，这就是变压器的工作原理。

当二次绕组接上负载时，二次回路产生负载电流 I_2，反磁动势 N_2I_2，反磁通 Φ_2，此时，一次回路同时产生一个新的电流 I_1，新的磁动势 N_1I_1，新的磁通 Φ_1，与 N_2I_2、Φ_2 相平衡，此时有

$$\Phi_1 + \Phi_2 = 0 \qquad (2-6)$$

$$U_1N_1 + U_2N_2 = 0 \qquad (2-7)$$

由此得到

$$\frac{I_1}{I_2} = -\frac{N_2}{N_1} \qquad (2-8)$$

由式（2-8）可见，一、二次电流与绕组匝数成反比。

由式（2-5）和式（2-8）可以得出

$$P_1 = U_1I_1 = \frac{U_2N_1}{N_2} \times \frac{I_2N_2}{N_1} = U_2I_2 = P_2 \qquad (2-9)$$

式（2-9）表示的是理想变压器的功率关系，即输出等于输入，效率是 100%。实际变压器在工作过程中，铁芯中会产生磁滞损耗和涡流损耗，即铁损，绕组中会产生电阻损耗，即铜损。此外，漏磁通还会引起附加损耗。以上损耗将导致变压器在实际工作中的效率小于 100%。

二、变压器的基本结构

不同种类变压器的结构形式也有所不同，本书主要介绍油浸式电力变压器的基本结构。油浸式变压器主要由本体及各附件组成，本体包含铁芯、绕组、油箱等，附件主要包含储油柜、冷却装置、套管、非电量保护装置、分接开关等。油浸式变压器结构示意图如图 2-2 所示。

（一）变压器本体结构

1. 铁芯

铁芯是变压器最基本的组成部件之一，是变压器的磁路部分，在一次电路的电能转为磁能，又转变为二次电路的电能的过程中充当能量转换的媒介。为提高磁路导磁性能，降低铁芯内涡流损耗及磁滞损耗，铁芯一般采用高磁导率

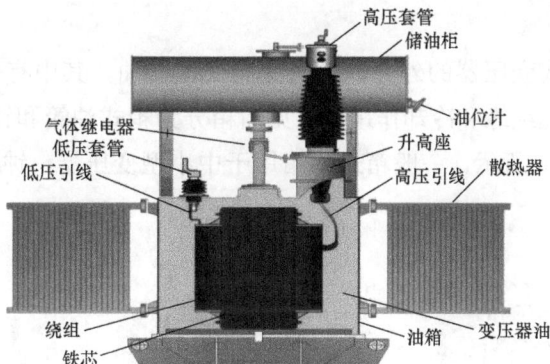

图 2-2 油浸式变压器结构示意图

的铁磁材料——0.23~0.35mm 厚的硅钢片叠成，硅钢片表面涂厚为 0.01~0.13mm 的绝缘膜。

铁芯分铁芯柱和铁轭两部分，铁芯柱上套绕组，铁轭将铁芯连接起来，使之形成闭合磁路。为使铁轭紧固，使用上、下夹件来夹紧铁轭，并通过拉螺杆将上夹件和下夹件连接起来，铁芯、夹件结构如图 2-3 所示。

在运行中，变压器铁芯、夹件等金属部件会感应悬浮电位，为防止悬浮电位过高而造成放电，这些部件均需单点接地。为了方便试验和故障查找，大型变压器一般将铁芯和夹件分别通过两个套管引出接地。

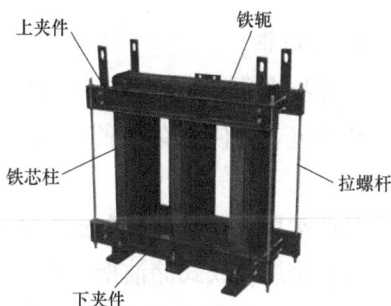

图 2-3 铁芯、夹件结构

2. 绕组

绕组也是变压器的最基本的部件之一，它是变压器的电路部分，作为电流的载体，产生磁通和感应电动势。绕组一般用绝缘纸包裹的铜线或者铝线绕成，接到高压侧的绕组为高压绕组，接到低压侧的绕组为低压绕组。

大型电力变压器采用同心式绕组，它是将高、低压绕组同心地套在铁芯柱上。通常低压绕组靠近铁芯，高压绕组在外侧，这主要是从绝缘要求容易满足和便于引出高压分接开关来考虑的。

为了满足绝缘要求，绕组中包含不同的绝缘材料，包括绝缘纸筒、撑条、垫块及端部绝缘件等。此外，绕组上还接有引线，包含绕组线端与高压套管的引出线、各绕组间连接引线及绕组分接头与分接开关相连的连接引线三种，绕组与引线如图 2-4 所示。

3. 油箱

油箱是油浸式变压器的外壳，箱内注满变压器油，其中有变压器的铁芯和绕组，变压器油起绝缘和冷却作用。常见油箱分为箱式油箱和钟罩式油箱两种，油箱结构如图 2-5 所示，一般箱式油箱用于中小型变压器，钟罩式油箱用于大型变压器。

图 2-4　绕组与引线

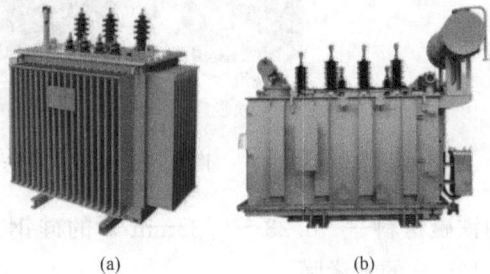

图 2-5　油箱结构
(a) 箱式油箱；(b) 钟罩式油箱

(二) 变压器各附件结构

1. 储油柜

储油柜也称作油枕，其作用是避免油与空气直接接触，减缓变压器油受潮及老化速度，并使油有热胀冷缩的空间。储油柜的体积一般为变压器总油量的 8%～10%。

目前常用的储油柜有金属波纹式、胶囊式和隔膜式三种形式。

(1) 金属波纹式储油柜采用先进的不锈钢波纹管补偿技术，实现对变压器绝缘油体积补偿和与外界隔离。升温体积膨胀时，波纹管被压缩，移向固定端；油位过高时，波纹管压缩到一定程度报警；绝缘油降温体积收缩时，波纹管在大气作用下自行伸长。波纹式储油柜又可分为外油式和内油式两种，外油式、内油式金属波纹储油柜如图 2-6、图 2-7 所示。

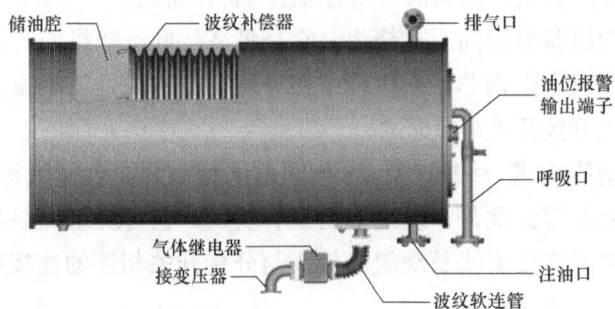

图 2-6　外油式金属波纹储油柜

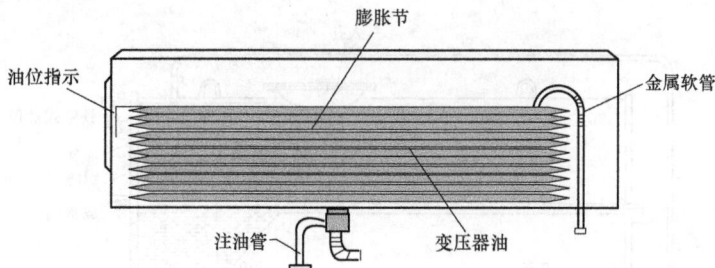

图 2-7　内油式金属波纹储油柜

（2）胶囊式储油柜装有一个耐油橡胶胶囊袋，胶囊通过呼吸管及连接的吸湿器与大气连通，胶囊外和变压器油相接触，储油柜内变压器油通过主联管与变压器油箱内部连通，当变压器油箱中油膨胀或收缩时，储油柜油面上升或下降，使胶囊向外排气或自行补充气体以平衡内外侧压力，起到呼吸作用，从而将变压器油与空气彻底隔开并且随变压器温度变化及时补充油箱内的压力差，胶囊式储油柜如图 2-8 所示。

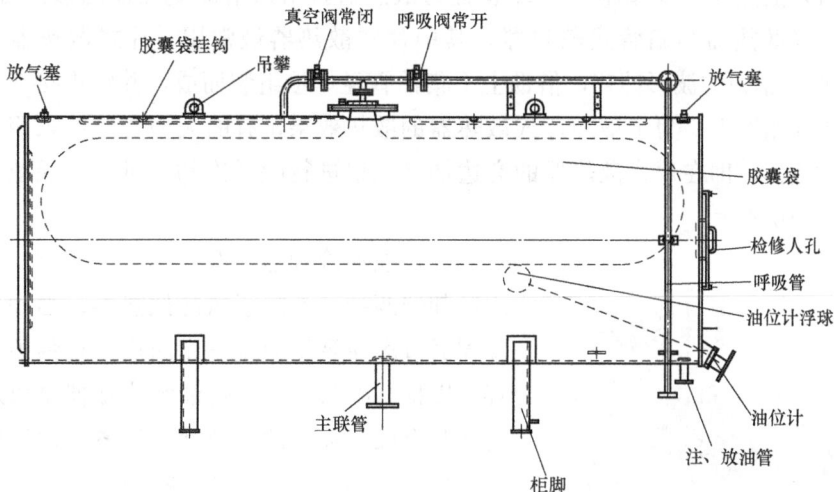

图 2-8　胶囊式储油柜

（3）隔膜式储油柜由两个半圆桶体组成，中间通过法兰夹装一个橡胶隔膜，隔膜浮在油面上，将空气隔离，并随油面的变动而浮动，隔膜式储油柜如图 2-9 所示。

2. 冷却装置

变压器冷却装置的作用是将变压器在运行中由损耗产生的热量散发出去，以保证变压器安全运行。变压器的冷却方式有油浸自冷式（ONAN）、油浸风冷式（ONAF）、强迫油循环风冷式（OFAF）、强迫油循环水冷式（OFWF）四

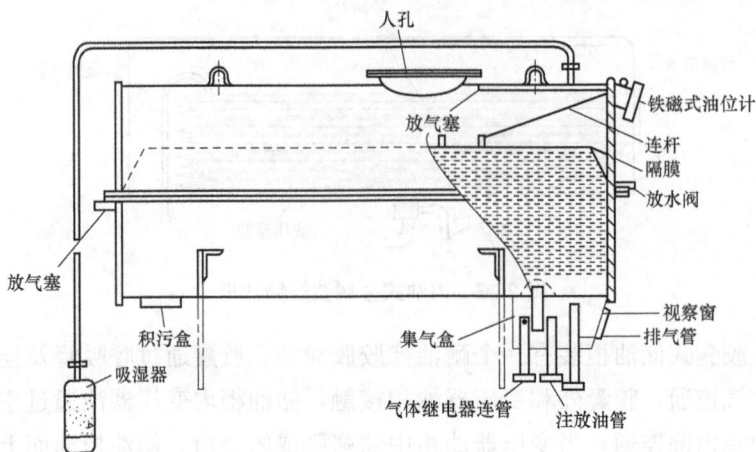

图 2-9 隔膜式储油柜

种，结合不同的冷却方式，可分为以下几种冷却装置。

（1）散热器。最基本的冷却装置为散热器，用以增加变压器的散热面积，分为片式散热器和扁管式散热器，其中片式散热器最常用。片式散热器是由 1mm 厚的钢板的波形冲片，借助上下集油管经焊接组装而成，并经焊接或法兰固定于油箱壁上。为了增加片式散热器的散热效果，有的大型变压器采用风冷片式散热器，即在片式散热器的旁边加装风扇进行吹风冷却，风冷片式散热器如图 2-10 所示。

图 2-10 风冷片式散热器

（2）强油冷却器。有强油风冷却器、强油水冷却器两种。不同于风冷散热器，强油风冷却器通过潜油泵使油流速度加快实现强迫油循环，以提高冷却效果。强油水冷却器是以水作为冷却介质的强迫油循环冷却装置，用于较大型变压器并具有冷却水源的场合中。

3. 非电量保护装置

变压器安装有多种非电量保护装置，在变压器内部发生故障时，这些保护装置能正确动作，及时切断电源，以限制油体积的剧烈膨胀及绝缘纸和绝缘油分解成气体，从而将故障控制在允许的范围内，有效保护变压器，避免故障扩大，减少损失。最常见的非电量保护装置有气体继电器和压力释放阀两种。

气体继电器也称瓦斯继电器，是变压器的主要保护装置，安装在变压器油箱与储油柜的连接管上，有 1%～1.5% 的倾斜角度，以使气体能流到气体继电器内。接下来以双浮子气体继电器为例介绍其动作过程，双浮子气体继电器如

图 2-11 所示。若空气进入变压器或内部有
轻微故障时，气体聚集在气体继电器内并
挤压变压器油，随着液面的下降，上浮子
也一同下降，轻瓦斯触点接通，发出信号
告警，通知相关人员处理；当变压器发生
渗漏或其他原因使变压器油水平面下降，
当下降到一定程度时，下浮子下沉，重瓦
斯触点接通，发出动作信号，断路器跳闸；
当变压器内部故障时，由于油的分解产生
油气流，其冲击继电器下挡板，使重瓦斯
触点闭合，跳开变压器各侧断路器，切断
连接变压器的电源。

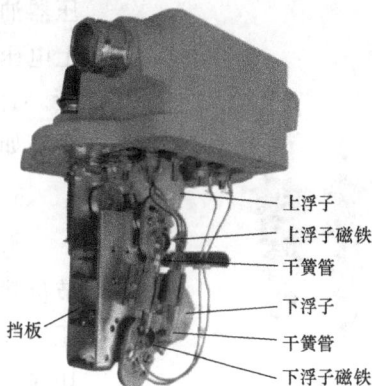

图 2-11 双浮子气体继电器

压力释放阀装于变压器的顶部，如图 2-12 所示。变压器一旦出现故障，油
箱内压力增加到一定数值时，压力释放阀动作，释放油箱内压力，从而保护油
箱本身。在压力释放过程中，微动开关动作，发出报警信号，也可使其接通跳
闸回路，跳开变压器电源开关。此时，压力释放器动作，标志杆升起，并突出
护盖，表明压力释放器已经动作。

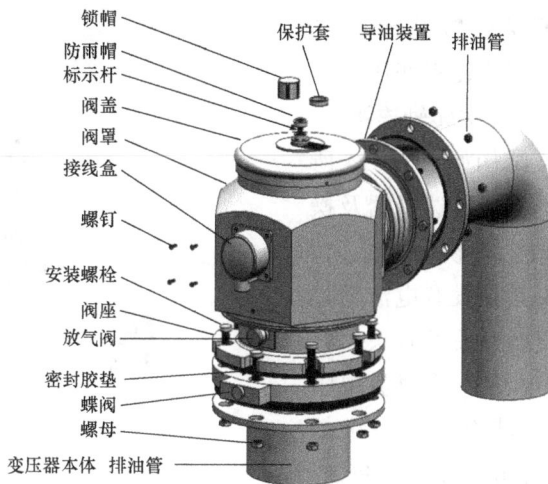

图 2-12 压力释放阀

4. 套管

变压器绕组的引出线从油箱内穿过油箱盖时，必须经过绝缘套管，以使带
电的引出线与接地的油箱绝缘。绝缘套管一般是瓷制的，其结构取决于其电
压等级。20kV 以下电压等级套管为单体瓷绝缘套管，瓷套内为空气绝缘或变

压器油绝缘，中间穿过一根导电铜杆；110kV 及以上电压等级一般采用全密封油浸纸绝缘电容式套管。套管内注有变压器油，不与变压器本体相通，套管如图 2-13 所示。

5. 分接开关

为了使电网供给稳定的电压、控制电力潮流或调节负载电流，需要对变压器进行电压调整。目前，变压器调整电压的方法是在某一侧线圈上设置分接，以切除或增加一部分线匝，改变匝数，从而达到改变电压比的有级调整电压的方法。变换分接以进行调压所采用的组件称为分接开关。

图 2-13　套管

(a) 单体瓷绝缘套管；

(b) 油浸纸绝缘电容式套管

一般情况下是在高压绕组上抽出适当的分接，原因包括：①高压绕组常套在外面，引出分接方便；②高压侧电流小，分接引线和分接开关的载流部分截面小，开关制造容易。变压器二次侧不带负载，一次侧也与电网断开（无电源调压）的调压，称为无励磁调压（无载调压）；带负载进行变换线圈分接的调压，称为有载调压。因此，变压器的分接开关分为无励磁分接开关和有载分接开关两种。

无励磁分接开关一般设有 3～5 个分接位置。操作部分装于变压器顶部，经操作杆与分接开关转轴连接。

有载分接开关结构如图 2-14 所示，其由切换开关、分接选择器及操动机构等部分组成。变换分接头时，分接选择器的触头是在没有电流通过的情况下动作；切换开关的触头是在通过电流下动作，经过一个过渡电阻过渡，从一个挡位转换至另一个挡位。切换开关和过渡电阻装在绝缘筒内。

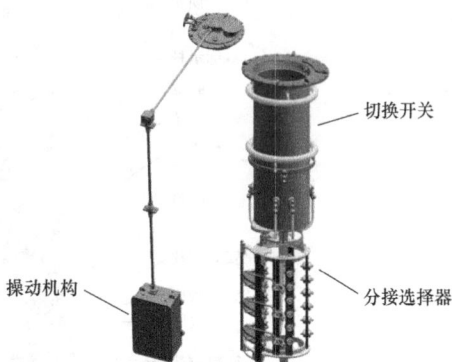

图 2-14　有载分接开关结构

三、变压器的型号参数

电力变压器的产品型号及参数按照 JB/T 3837—2016《变压器类产品型号编制方法》的要求进行标示。电力变压器产品型号及参数字母排列顺序及标示如图 2-15 所示。

依据不同的方式，可将变压器分为不同的种类。按绕组耦合方式分类，有独立绕组变压器、自耦变压器；按相数分类，有单相变压器，三相变压器；按绕组外绝缘介质分类，有油浸式绝缘变压器、干式（空气绝缘）变压器、气体绝缘变压器；按调压方式，有无载调压变压器、有载调压变压器。

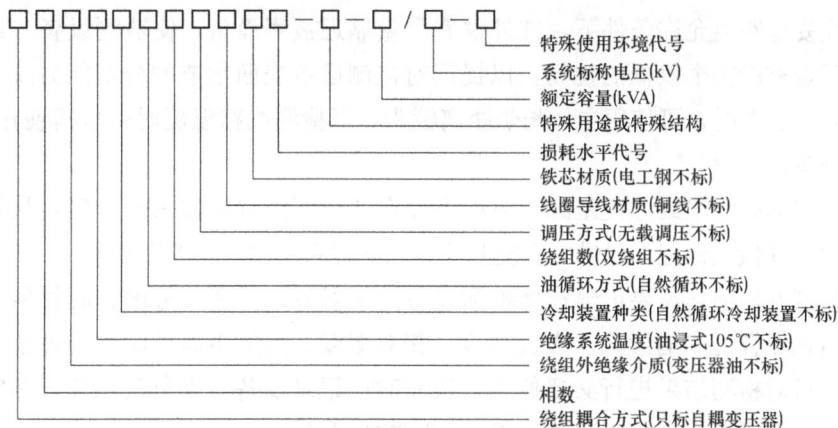

图 2-15 电力变压器产品型号及参数字母排列顺序及标示

第二节 变压器例行试验

一、例行带电检测

（一）红外热像检测

电力系统广泛采用红外成像技术检测电力设备热故障，其可为电力设备状态检修提供有力的技术支撑。现场红外成像技术测温分为一般检测和精确检测两种操作方法，目前，电力系统可以采用红外热像精确检测对变压器进行故障精确判断。

1. 检测周期

（1）330kV 及以上：1 月。

（2）220kV：3 月。

（3）110（66）kV：半年。

（4）35kV 及以下：1 年。

2. 检测要求

依据 DL/T 664《带电设备红外诊断应用规范》的规定，红外热像检测判为正常的要求是红外热像图显示无异常温升、温差和相对温差。

3. 精确检测操作方法

检测温升所用的环境温度参照体应尽可能选择与被测设备类似的物体，且最好能在同一方向或同一视场中选择。

在安全距离允许条件下，红外仪宜尽量靠近被测设备，使被测设备（或目标）尽量充满整个仪器的视场，以提高对被测设备表面细节的分辨能力及测温准确度，必要时，可使用中、长焦距离镜头。当检测线路温度时一般需使用中、长焦镜头。

为了准确测温或方便跟踪，应事先设定几个不同方向和角度，确定最佳检测位置，并做上标记，以供之后复测用，从而提高互比性和工作效率。

检测开始前，需要正确选择被测设备的辐射率，特别要考虑金属材料表面氧化对选取辐射率的影响。大气温度、相对湿度、测量距离等应作为补偿参数输入，可对检测结果进行必要修正。检测时应记录设备实际负荷电流、额定电流、运行电压、被检物体温度及环境参照体的温度。

4. 注意事项

（1）被测设备是带电运行设备，应尽量避开视线中的遮挡物。

（2）环境温度一般不低于5℃，相对湿度不大于85%；天气以阴天、多云为宜，夜间最佳。

（3）检测时风速不大于5m/s，不应在雷、雨、雾、雪等气象条件下进行。

（4）户外晴天检测应避开阳光直射或反射进入仪器镜头，在室内或晚上检测应避开灯光直射，或关灯检测。

（5）检测电流致热型设备，应在电流最大下进行。如果不是最大电流，一般不应在低于额定电流的30%下进行，并考虑小电流对检测结果的影响。

5. 操作

参考附录K T630红外测试仪操作手册进行操作。

（二）铁芯、夹件接地电流测量

变压器在运行或试验时，铁芯及夹件等金属部件均处在强电场之中，由于静电感应作用，在铁芯或其他金属结构上会产生悬浮电位，即电位差，若不接地，会造成对地放电而损坏零件。正常运行时，变压器铁芯应一点接地且仅一点接地，若铁芯或其他金属构件有两点或两点以上接地，则接地点间就会形成闭合回路，产生环流，该电流会引起局部过热，导致油分解，还可能使接地片熔断，或烧坏铁芯，导致铁芯电位悬浮，产生放电，击穿绕组。

1. 检测周期

（1）220kV及以上：1年。

（2）110（66）kV及以下：2年。

2. 检测要求

接地电流不大于100mA（注意值）。

3. 检测方法

现场检测采用高精度的钳形电流表进行，考虑到变压器内部的漏磁通会产生发散，干扰检测结果，通常选用数值较小的测量值作为检测结果，并尽量保证每次检测位置一致，检测结果应进行横向、纵向比较，方便分析其变化趋势。当变压器外壳接地与铁芯夹件接地相连时，应避免在两者共同接地部分测量，这样会造成结果偏大，影响判断。

4. 注意事项

（1）测试位置：在测试时应避开主变压器上油箱与下油箱交接处的位置，一般在主变压器铁芯接地点设置有明显的标识，表明此处为铁芯接地或夹件接地点。

（2）夹线钳与铁芯接地引下线成90°，引下线尽量从夹线钳中心穿过，并确认夹线钳接口闭合到位，引下线的部位尽量选取在变压器中部左右。

5. 操作

参考附录L TETA‐10变压器铁芯接地电流测试仪操作手册进行操作。

（三）油中溶解气体分析

变压器油在运行中受到水分、氧气、热量及铜和铁等材料催化作用的影响而老化和分解，产生的气体大部分溶于油中，但产生气体的速率相当缓慢。当变压器内部存在初期故障或形成新的故障条件时，其产气速率和产气量十分明显。大多数初期缺陷早期均有迹象，因此，对变压器产生气体进行适当分析即能检测出故障。

气相色谱法是对变压器油中可燃性气体进行分析的切实可行的方法，该方法包括从油中脱气和测量两个过程。通常检测只鉴别绝缘油中的氢气（H_2）、氧气（O_2）、氮气（N_2）、甲烷（CH_4）、一氧化碳（CO）、乙烷（C_2H_6）、二氧化碳（CO_2）、乙烯（C_2H_4）、乙炔（C_2H_2）9种气体，将这些气体从油中脱出并经分析，证明其存在及含量，即可反映出产生这些气体的故障类型和严重程度。其中，一氧化碳（CO）和二氧化碳（CO_2）主要在正常老化过程产生，氢气（H_2）和甲烷（CH_4）主要在发生局部放电时（如油中气泡击穿）油裂解产生。在发生故障时，若故障温度高于正常运行温度不多时，产生的气体主要是甲烷（CH_4），随故障温度升高，乙烯（C_2H_2）和乙烷（C_2H_6）逐渐成为主要物征气体；当温度高于1000℃时（如在电弧弧道温度300℃以上），油裂解产生的气体中含有较多的乙炔（C_2H_2），如果故障涉及固体绝缘材料时，会产生较多的一氧化碳（CO）和二氧化碳（CO_2）。

1. 检测周期

油中溶解气体分析的检测周期规定如下：

（1）330kV 及以上：3 个月。

（2）220kV：半年。

（3）35～110（66）kV：1 年。

2. 检测要求

（1）乙炔：①330kV 及以上：$\leqslant 1\mu L/L$；②其他：$\leqslant 5\mu L/L$（注意值）。

（2）氢气：$\leqslant 150\mu L/L$（注意值）。

（3）总烃：$\leqslant 150\mu L/L$（注意值）。

（4）绝对产气速率：①隔膜式：$\leqslant 12mL/d$（注意值）；②开放式：$\leqslant 6mL/d$（注意值）。

（5）相对产气速率：$\leqslant 10\%/月$（注意值）。

3. 检测方法

一般说来，含水量、含气量、溶解气体色谱分析用的油样要用注射器取，主要是为了隔绝空气。含水量、含气量低的油，吸潮、吸气速度极快。在空气中取样或用瓶子取样测定的结果会有较大误差，即使用注射器取样，若注射器密封不良或因磨损过甚而泄漏，也会造成含水量、含气量上升，导致误差。用注射器取油中溶解气体色谱分析用油样的目的除了隔绝空气外，还有防止油中溶解气体散失、方便试验时脱气。如果脱气装置对取样容器有特殊要求，必须配以专用取样容器。

用注射器取油样时，使用设备的取样阀门配备有小嘴的连接器，在小嘴上接软管。取样前应排除取样管路和取样阀门内的空气和"死油"，同时用设备本体的油冲洗管路（少油量设备可不进行此步骤）。取油样时油流应平缓。

4. 注意事项

（1）取油样工作必须由受过专门训练且有工作经验的专业人员进行，应在天气干燥时进行。

（2）油样瓶为 500～1000mL 具有磨口塞的玻璃瓶，事先经过洗净和烘干（用蒸馏水洗净）。

（3）油样瓶应贴标签，注明设备名称、采样日期、采样人姓名、设备油温、空气湿度、电压等级、相别、编号、取样部位等。

（4）对色谱分析试验，应按试验方法要求进行采样。

（5）变压器采样时应从下部阀门处采样，采样前油门要先用干净抹布擦净，再放油冲洗干净，并放油冲洗油样瓶至少两遍，然后直接将油注入样瓶中（中间不得使用胶管、滤纸或其他容器、工具等过渡），必须将样瓶注满，不得留有空间，然后再用瓶塞盖紧，清扫干净后贴上标签。

（6）为使油样能反映实际情况，在取样过程中，油样不应和潮气接触，取样的容器及连接管要保持清洁和干燥。

（7）取样部位应从设备底部的取样阀处取出，使取出的油样应能代表设备本体的油质，不可在净油器处取样代替变压器本体油样。

（8）取样时，样瓶与被采油样设备的油温相差不应大于3～5℃，特别是冬天要预先把变压器内的热油注入油样瓶内使之温热，然后把油倒出，并立即采油样装满样瓶。从户外拿进户内的空的、盛满油的油样瓶，应当塞紧并保持3～4h，直到其温度与室温一样后，方可打开瓶塞。

（9）取样后要尽快做试验。油中溶解气体分析用油样，从取样到试验，间隔时间不宜超过4天；含水量、含气量试验油样不宜超过7天；击穿电压油样，在干燥的冬春季节，间隔时间不宜超过3天，在湿热的夏天，间隔时间越短越好，尽量避免从外地取样拿回实验室去做试验。

二、例行停电试验

（一）绕组连同套管的绝缘电阻、吸收比或极化指数测量

测量变压器绕组绝缘电阻、吸收比或极化指数，能有效地检查出变压器绝缘整体受潮、部件表面受潮或脏污，以及贯穿性的集中缺陷。

1. 检测周期

（1）110（66）kV及以上：3年。

（2）35kV及以下：4年。

2. 检测要求

（1）无显著下降。

（2）吸收比不小于1.3，或极化指数不小于1.5，或绝缘电阻不小于10000MΩ（注意值）。

3. 检测方法

电压等级为220kV及以上且容量为120MVA时，宜采用输出电流不小于3mA的绝缘电阻表。测量时，将测量绕组短路，将铁芯、外壳及非测量绕组接地，套管表面应清洁干燥。高、中、低压侧对地绝缘电阻试验接线如图2-16～图2-18所示。

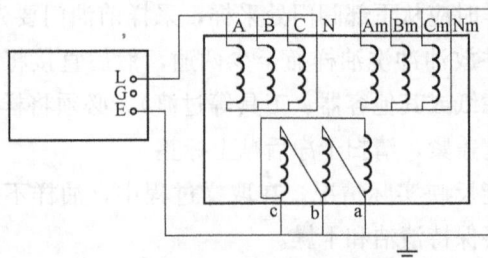

图 2-16　高压侧对地绝缘电阻试验接线

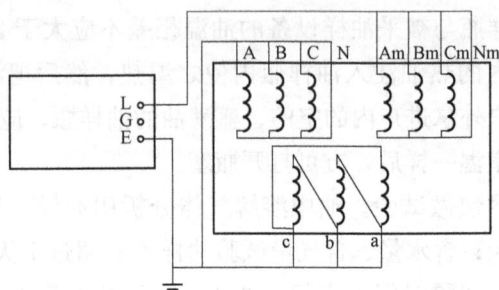

图 2-17　中压侧对地绝缘电阻试验接线

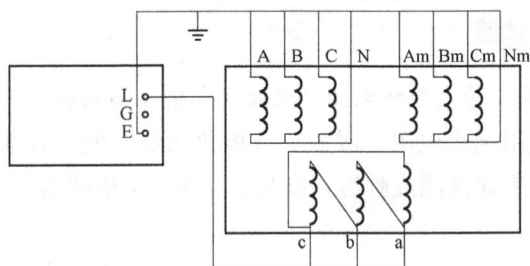

图 2-18　低压侧对地绝缘电阻试验接线

4. 注意事项

（1）测量宜在顶层油温低于 50℃时进行，测量的同时记录顶层油温，以便对测量数值进行修正；若绝缘电阻下降显著，应结合介质损耗因数及油质试验综合分析判断。

（2）每次试验应选择相同电压、相同型号的绝缘电阻测试仪。

（3）非被测部位短路接地要良好，如接地有油漆覆盖需将油漆刮净，以免影响测试结果。

（4）禁止在有雷电或是邻近高压设备时使用绝缘电阻试验仪，以免发生危险。

（5）如条件允许宜使用屏蔽线，若无高压屏蔽线，测试线不得与地线缠绕，应尽量悬空。

（6）测量应在天气良好条件下进行，且湿度不大于80％，如遇到天气潮湿、套管表面脏污的情况，需要屏蔽测量。

5. 操作

参考附录 N　绝缘电阻表操作手册进行操作。

（二）铁芯及夹件绝缘电阻、吸收比或极化指数测量

为防止运行中变压器铁芯、夹件等金属部位感应悬浮电位过高而造成放电，这些部件通常需要单点可靠接地。如出现多点接地的情况，会使铁芯或夹件中有电流流过，致使金属构件发热，导致绝缘油分解劣化或引发气体保护动作。测量铁芯及夹件绝缘电阻，能有效检查是否存在多点接地情况。

1. 检测周期

（1）110（66）kV 及以上：3 年。

（2）35kV 及以下：4 年。

2. 检测要求

不小于100MΩ。

3. 检测方法

绝缘电阻测量采用2500V 绝缘电阻表，除注意绝缘电阻的大小外，还应留意绝缘电阻的变化趋势。对于夹件引出接地的，要分别测量铁芯对夹件及夹件对地的绝缘电阻。铁芯、夹件对地绝缘电阻试验接线分别如图 2-19、图 2-20所示。

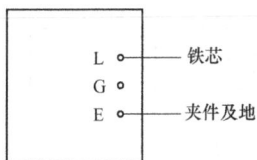

图 2-19　铁芯对地绝缘　　　　图 2-20　夹件对地绝缘
　　电阻试验接线　　　　　　　　电阻试验接线

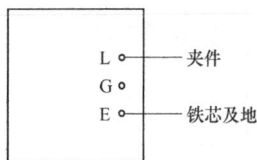

4. 注意事项

在测量变压器铁芯绝缘电阻时，将铁芯引出小套管的接地 A 线解开要注意不能引起小套管渗漏油。另外，一些变压器铁芯引出后经小套管、胶木绝缘子沿变压器外壳，在变压器本体底部接地。因此，在测量变压器铁芯绝缘电阻时，应在铁芯引出小套管处进行测量，以免胶木绝缘子不良而带来测量误差。

（三）绕组直流电阻测量

测试变压器绕组连同套管的直流电阻，可以检查出内部导线接头、引线与

绕组接头的焊接质量、电压分接开关各个分接位置及引线与套管的接触是否良好、并联支路连接是否正确、变压器载流部分有无断路、接触不良，以及绕组有无短路现象。

1. 检测周期

220kV 及以上：3 年。

2. 检测要求

(1) 1.6MVA 以上变压器，各相绕组电阻相间的差别不应大于三相平均值的 2%（警示值），无中性点引出的绕组，线间差别不应大于三相平均值的 1%（注意值）；1.6MVA 及以下的变压器，相间差别一般不大于三相平均值的 4%（警示值），线间差别一般不大于三相平均值的 2%（注意值）。

(2) 同相初值差不超过 ±2%（警示值）。

3. 检测方法

测试原理：采用电压电流法测量时一般采用四线法测量，以排除引线和接触电阻的干扰，其测量原理基于欧姆定理。

相对于大型变压器的直流电阻测量，绕组的电感很大，测量电流的稳定时间很长，因此往往需要有加速充电的装置配合，常用方法为助磁法，即强迫铁芯磁通迅速饱和，从而降低自感效应，减少测量时间。绕组接线方式如图 2-21、图 2-22 所示。

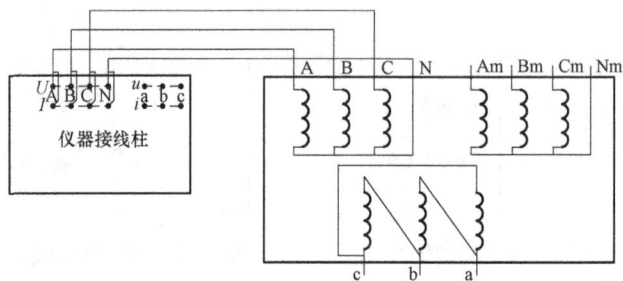

图 2-21　Yn 绕组接线方式

4. 注意事项

(1) 三相变压器有中性点引出线的，应测量各相绕组的电阻；若无中性点引出线，测量线间电阻。

(2) 残余电荷的影响，在上次试验后若放电不充分，变压器内积聚的电荷未能放尽，会有一定的残余电荷，会致使大容量变压器试验时需要更多的充电时间。

(3) 温度对直流电阻有较大影响，应准确记录被试绕组温度，一般可用变

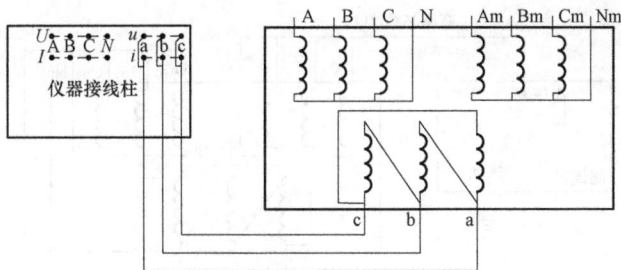

图 2-22　星形（三角形）绕组接线方式

压器上层油温作为绕组温度，测量时做好记录。

（4）有载分接开关在试验前应从 $2-n$ 再从 $n-1$ 来回转动一次或多次，以消除分接开关触头氧化或不清洁等因素的影响。

（四）绕组连同套管的介质损耗因数及电容量测量

测量变压器绕组连同套管的介质损耗因数（$\tan\delta$）是判断变压器绝缘状态的一种有效手段，其主要可检查变压器是否受潮、绝缘油及纸是否劣化、绕组上是否附着脏污或存在严重缺陷。

1. 检测周期

（1）110（66）kV 及以上：3 年。

（2）35kV 及以下：4 年。

2. 检测要求

（1）330kV 及以上：≤0.005（注意值）。

（2）110（66）～220kV：≤0.008（注意值）。

（3）35kV 及以下：≤0.015（注意值）。

3. 检测方法

在使用 QS1 型西林电桥进行测量时，由于变压器外壳在运行中直接接地，所以现场测试通常采用 QS1 型西林电桥反接法。为避免绕组电感和励磁损耗给测试带来误差，测试时需要将测试绕组各相短路，非被试绕组各相短路接地或屏蔽。

试验采用全自动介质损耗测试仪测量变压器介质损耗因数。高、中、低压侧绕组 $\tan\delta$ 及电容量试验接线如图 2-23～图 2-25 所示。

4. 注意事项

（1）测试应在天气良好、试品及环境温度 5℃ 以上、湿度 80% 以下的条件下进行。

（2）测量温度以变压器上层油温为准，且在上层油温低于 50℃ 时测量，不同温度下测量值注意换算。

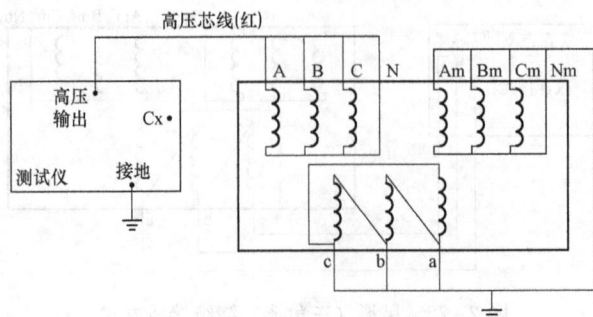

图 2-23　高压侧绕组 tanδ 及电容量试验接线

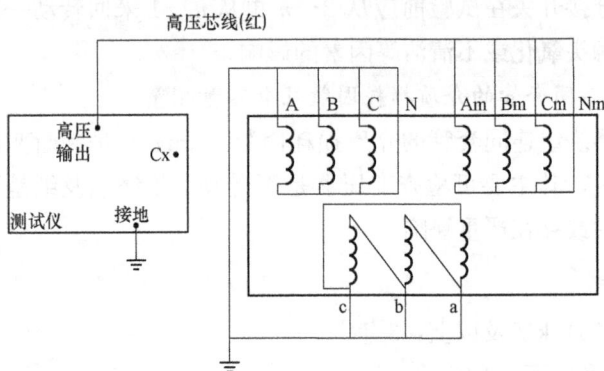

图 2-24　中压侧绕组 tanδ 及电容量试验接线

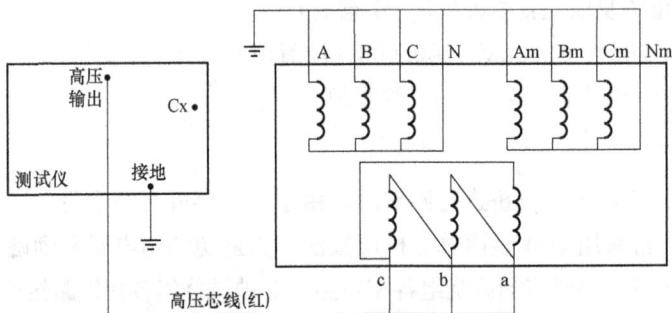

图 2-25　低压侧绕组 tanδ 及电容量试验接线

（3）测量回路引线较长时可能会有较大误差，因此应尽量缩短测试接线。

（4）试验时的被试绕组三相应该短接，如有中性点引出线时，也需与三相一起短接，否则可能使测量误差增大。

（5）试验电压的选择：变压器绕组的额定电压大于 10kV 时，施加电压为 10kV；当低于 10kV 时，施加电压为绕组额定电压。

5. 操作

参考附录 A　AI - 6000k 电容量及介质损耗测试仪操作手册进行操作。

（五）有载分接开关试验

检查有载分接开关的切换程序、过渡时间、过渡波形、过渡电阻等是否正常，并与原始数据进行比较，可发现变压器经过运输、安装后有载分接开关内部有无变形、卡涩、螺栓松动现象，同时也可确定有载分接开关各部件所处位置是否正确等。此外，还可发现触点的烧损情况、触点动作是否灵活、切换时间有无变化、主弹簧是否疲劳变形、过渡电阻是否发生变化等缺陷。

1. 检测周期

（1）110（66）kV 及以上：3 年。

（2）35kV 及以下：4 年。

2. 检测要求

（1）在绝缘电阻表操作正常的情况下，就地电动和远方各进行一个循环，无异常。

（2）检查紧急停止功能及限位功能。

（3）在绕组电阻测试之前检查动作特性，测量切换时间，有条件测量过渡电阻，电阻的初值差不超过±10％。

3. 检测方法

（1）过渡电阻与接触电阻。变压器有载分接开关过渡电阻安装在有载分接开关切换部分的辅助触头与工作触头之间，而接触电阻在开关中性点与工作触头之间。通常过渡电阻采用单臂电桥测量过渡电阻，测量部位在辅助触头与工作触头之间；而接触电阻只对 M 形有载分接开关进行，使用双臂电桥，测量部位在中性点与工作触头之间。

（2）过渡时间与过渡波形。对于 M 形分接开关测量过渡时间、过渡波形，可在开关切换部分进行，也可连同变压器绕组一起测量，而 V 形仅可连同变压器绕组一起测量。

现通常使用有载分接开关测试仪进行，有载分接开关测试仪接线如图 2 - 26 所示。

4. 注意事项

（1）考虑变压器在停电或其他试验后，绕组中会有残余电荷存在，无论如何放电都无法彻底清除，此时测量过渡波形很可能造成过渡波形失真，影响测量结果。因此，变压器非测量侧（中低压侧）应短路接地。

（2）触头表面油膜或杂质会对过渡电阻产生影响，因此在测量前需要将有

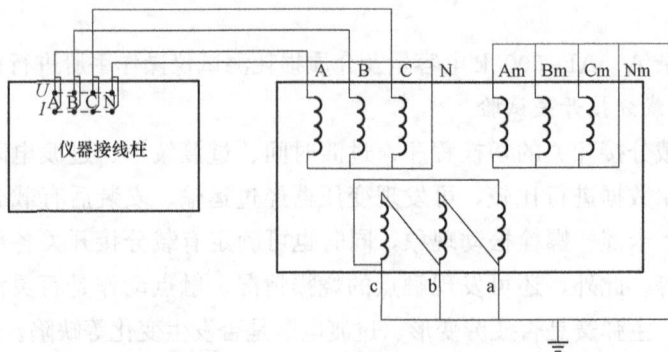

图 2-26　有载分接开关测试仪接线

载分接开关进行切换至少一个循环，以避免油膜、杂质的影响。

（3）测量有载分接开关切换时的过渡波形，无须严格对照历年的试验情况，通常可选取常用挡位的附近挡位进行切换测量，测量时应包含升挡和降挡，另外，可顺带测试 8-9-10 的挡位切换。

5. 操作

参考附录 I　HZST200 有载分接开关测试仪操作手册进行操作。

第三节　变压器诊断性试验

一、诊断性带电检测

变压器在运行过程中，其内、外部电磁场分布情况复杂，存在特定的电、磁、声、光、热、气现象，当变压器运行异常时，上述各物理或化学现象会出现对应的变化。变压器带电检测利用专业的检测仪器检测、分辨上述物理或化学变化，并将其转化成量化的数字或可视的图谱等，用以直接或间接表征设备状态。检测人员通过检测结果，能够在设备带电运行状态下，得到设备状态量，准确评估设备运行状况。当设备存在缺陷时，能够分析缺陷严重程度，定位缺陷位置，及早采取措施，防止缺陷发展为故障。

变压器诊断性试验主要指局部放电带电检测，常见的局部放电带电检测包括特高频局部放电检测、高频局部放电检测和超声波局部放电检测等。

1. 特高频局部放电检测

局部放电问题通常会出现在变压器内部油纸绝缘方面。变压器的特高频局部放电检测方法主要是在油阀位置安装传感器，利用特定接口，促进特高频信号和检测仪器之间有效连接，随后分析处理相关信号，检测信号整体频带范围，大概为300～3000MHz。由于变压器自身缺少非金属缝隙，因此无法顺利传输特高频信号，现场检测只能通过内部传感器实施。传感器主要设置在变压器油箱内，能够顺利屏蔽各种外界干扰，而特高频信号还具有较高频段，可以有效摆脱电晕干扰和低频背景的噪声干扰，最大程度提升局部放电检测抗干扰能力和检测灵敏性。

特高频局部放电检测中的局部放电特征图谱以 PRPD 图谱和 PRPS 图谱形式为主。其中，PRPS 图谱属于实时三维图谱，可以按照时间顺序依次显示出带有相位标识放电脉冲，而三种坐标轴能够分别代表信号幅值、时间和相位等参数。特高频的放电诊断可以通过对比分析放电幅值进行科学判断，其中最为关键的便是对 PRPD 图谱、PRPS 图谱特征和变压器内部的典型放电图谱进行对比分析，进而准确判断缺陷，类似于高频放电检测。

下面介绍几种特高频局部放电检测的特征图谱。

（1）变压器悬浮放电特征图谱。悬浮放电正负半周比较对称，放电脉冲幅值及间隔大体相等，其二维统计谱图呈现比较典型的矩形分布，放电主要集中在第一象限和第三象限，变压器悬浮放电特征图谱如图 2-27 所示。

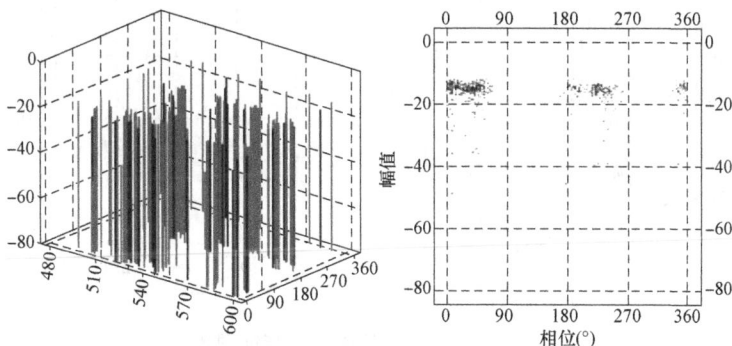

图 2-27　变压器悬浮放电特征图谱

（2）变压器尖端放电特征图谱。尖端放电绝大部分发生在电压峰值附近，正峰值处较负峰值处分布较多且放电信号幅值较大，负峰值处较正峰值处最大放电幅值较小，尖端放电脉冲基本单个出现，并且还具有很强的随机性和间歇性，变压器尖端放电特征图谱如图 2-28 所示。

（3）变压器颗粒放电特征图谱。颗粒放电在整个周期和 360°相位杂乱分布，没有任何明显的相位特征，整个周期内任何时刻都有可能出现放电，极性效应不明显；放电重复率很低，放电较为稀疏，间歇性明显；放电幅值不稳定，变化较大；电压等级提高，放电幅值增大但放电间隔降低。变压器颗粒放电特征图谱如图 2-29 所示。

（4）变压器绝缘放电特征图谱。绝缘放电在较低的电压下就开始放电，正、负半周的放电几乎同时产生，放电比较稳定，图谱形状也比较相似。图谱呈现正态分布，放电脉冲在四象限均有出现，但峰值集中在 90°和 270°附近，变压器绝缘放电特征图谱如图 2-30 所示。

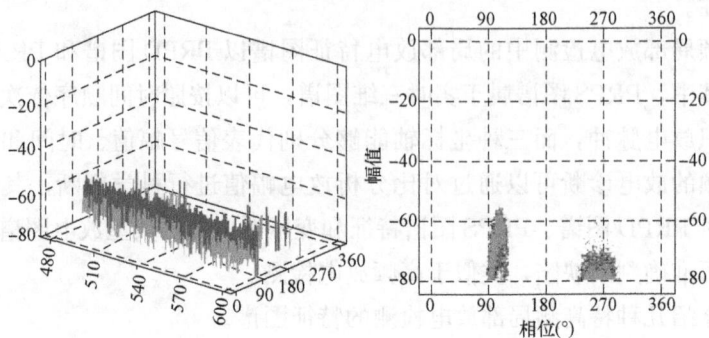

图 2-28　变压器尖端放电特征图谱

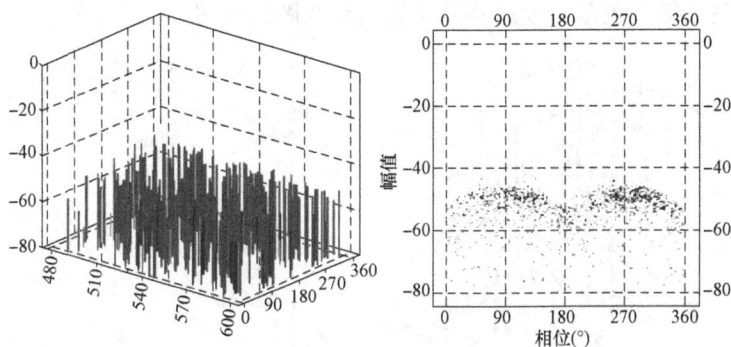

图 2-29　变压器颗粒放电特征图谱

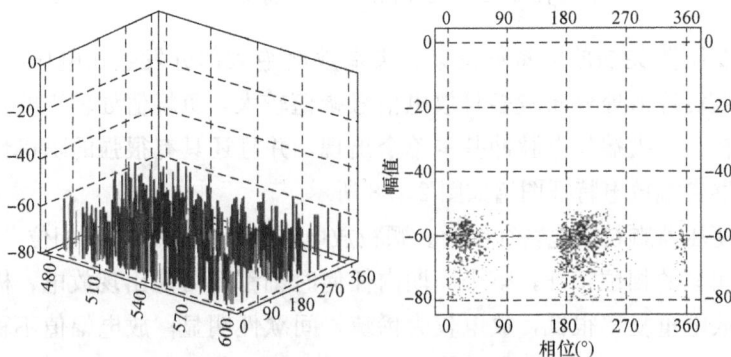

图 2-30　变压器绝缘放电特征图谱

2. 高频局部放电检测

高频局部放电检测技术是利用脉冲电流原理来检测高压电气设备的局部放电。以变压器为例，若变压器内部发生局部放电，利用变压器绕组与铁芯之间的分布电容形成的耦合通路，放电产生的高频信号通过此耦合通路经铁芯接地线构成回路，卡装在铁芯接地线上的高频电流传感器即可接收到变压器内部的放电信号并在巡检仪上显示相应的检测数据，通过局部放电高频检测设备能够获得变压器的局部放电信息，高频局部放电检测原理如图 2-31 所示。

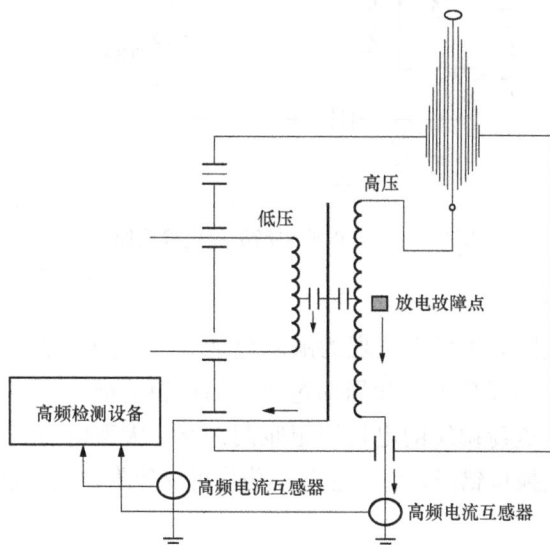

图 2-31 高频局部放电检测原理

3. 超声波局部放电检测

当变压器内部发生局部放电现象时，其瞬间释放的能量使分子间产生剧烈碰撞，并在宏观上形成一种压力产生超声波脉冲，此时局部放电源如同一个声源，向外发出超声波，在变压器中以球面波形式向周围传播。超声波信号频率通常为 $20\sim200kHz$，而变压器中的超声波信号传播频率主要为 $100\sim200kHz$。在实际应用中，将谐振传感器吸附在变压器油箱外壁，以接收放电产生的超声波信号。由于超声波信号传播路径不同，传感器在箱体外壁接收到的超声信号强弱也随之变化，通过对比强弱变化，可以确定超声信号传到变压器外壁的最强位置，再采用电声定位法确定放电源位置。超声波法局部放电检测原理如图 2-32 所示。

二、诊断性停电试验

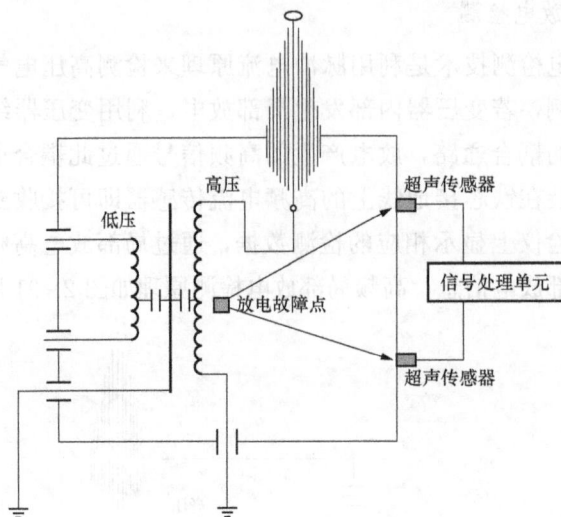

图 2-32 超声波法局部放电检测原理

(一) 短路阻抗

通过变压器短路试验可以发现的缺陷包括变压器的各结构件或油箱壁中因漏磁通所引起的附加损耗过大和局部过热、油箱箱盖或套管法兰等附件损耗过大和局部过热、带负荷调压的电抗绕组匝间短路、大型电力变压器低压绕组中并联导线间短路或换位错误,以上这些缺陷均可能使附加损耗显著增大。

1. 检测周期

诊断绕组是否发生变形时进行该项目。

2. 检测要求

(1) 容量 100MVA 及以下且电压等级 220kV 以下的变压器,初值差不超过 ±2%。

(2) 容量 100MVA 以上或电压等级 220kV 以上的变压器,初值差不超过 ±1.6%。

(3) 容量 100MVA 及以下且电压等级 220kV 以下的变压器,三相之间的最大相对互差不应大于 2.5%。

(4) 容量 100MVA 以上或电压等级 220kV 以上的变压器,三相之间的最大相对互差不应大于 2%。

3. 检测方法

将变压器一侧绕组短路,从另一侧绕组施加电压,测量所加电压和损耗,称为变压器短路试验。该试验一般是低压绕组短路,高压绕组施加额定频率电压,并使绕组中电流为额定值,如果变压器高压侧装有分接装置,应放在额定分接位置上。

　　三绕组变压器应在每两组间分别进行试验，非被试验绕组开路。对于绕组容量不同的多绕组变压器，容量相等的两绕组的短路试验方法应与双绕组变压器相同；容量不相等的两个绕组试验，施加的电流应以小容量绕组的额定电流为准，对另一侧绕组属于降低容量的短路试验。高对中、高对低、中对低短路阻抗测量接线如图 2-33～图 2-35 所示。

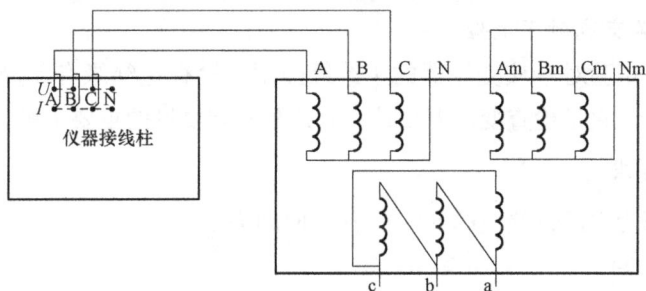

图 2-33　高对中短路阻抗测量接线

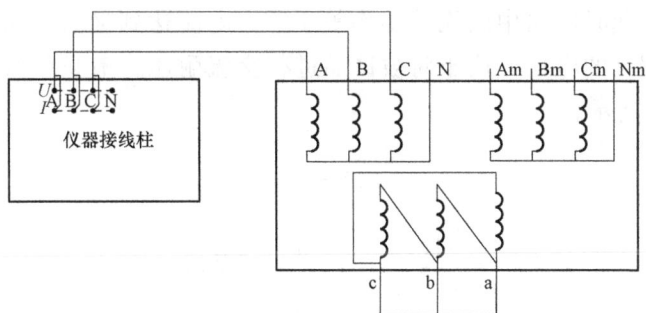

图 2-34　高对低短路阻抗测量接线

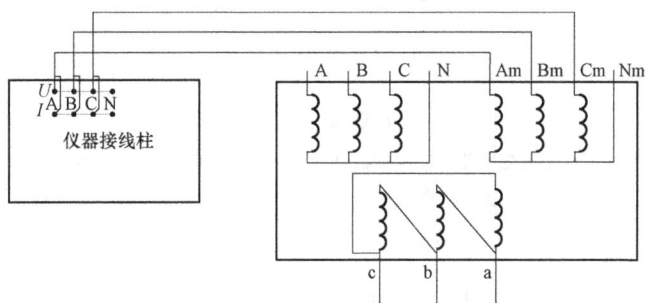

图 2-35　中对低短路阻抗测量接线

4. 注意事项

（1）测试前注意有载分接开关位置，设置好参数。

（2）试验用导线应有足够的截面积，导线应尽可能短，与被试品连接接触面应良好。

（3）试验一般在冷状态下进行，对刚退出运行的变压器应等待绕组温度降至油温时才能进行试验，试验后应将结果换算至额定温度。

（二）外施交流耐压试验

工频耐压试验对考核变压器的主绝缘强度、检查主绝缘有无局部缺陷有着决定性的作用，它是检查变压器设计、制造和安装质量的重要手段。

1. 检测要求

耐受电压为出厂试验值的 80%，加压时间为 60s。

2. 检测方法

变频串联谐振耐压试验方法：在谐振电路中，通过励磁变压器给电路施加电压 U，通过调节电源频率，使回路中的感抗等于容抗（$L=1/\omega C$），从而达到谐振条件。此时回路中的无功功率等于零，电流达到最大，在电容或者电感两端产生很高的电压，用于对被试品进行交流耐压。串联谐振耐压试验原理如图 2-36 所示。

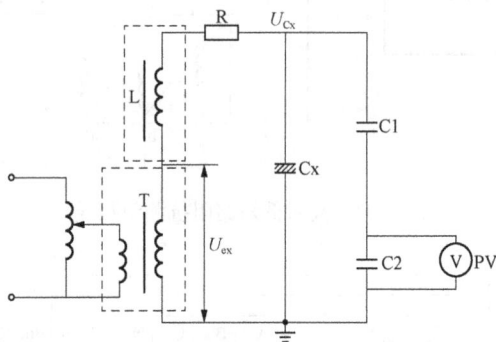

图 2-36　串联谐振耐压试验原理

T—励磁变压器；L—电感；R—限流电阻；Cx—被试电容；

C1、C2—电容分压器高、低压臂；PV—电压表；

U_{ex}—励磁电压；U_{Cx}—被试品上的电压

当回路中产生串联谐振时，被试品上的电压 $U_{Cx}=QU_{ex}$，其中 $Q=\omega L/R=1/\omega CR$，Q 称为品质因数。

分级绝缘变压器仅对中性点和低压绕组进行，全绝缘变压器对各绕组分别进行。对三相变压器外施高压试验时，被试绕组所有出线套管应短接后加压，非加压绕组所有出线应短接后可靠接地。

3. 注意事项

（1）交流耐压是一项破坏性试验，因此耐压试验之前被试品必须通过绝缘电阻、吸收比、绝缘油色谱、tanδ 等各项绝缘试验且合格。充油设备还应在注油后静置足够时间（110kV 及以下：24h；220kV：48h；500kV：72h）方能加压，以避免耐压时造成不应有的绝缘击穿。

（2）进行耐压试验时，被试品温度不应低于 5℃，户外试验应在良好的天气进行，且空气相对湿度一般不高于 80％。

（3）试验加压过程中应有人监护并呼唱。

（4）加压期间应密切注视表计指示动态，防止谐振现象发生；应注意观察、监听被试变压器、保护球隙的声音和现象，分析区别电晕或放电等有关迹象。

（5）有时耐压试验进行了数十秒钟，中途因故失去电源，使试验中断，在查明原因、恢复电源后，应重新进行全时间的持续耐压试验。

（6）谐振试验回路品质因数 Q 与试验设备、试品绝缘表面干燥清洁度及高压引线直径大小、长短有关，因此试验宜在天气晴好的情况下进行。试验设备、试品绝缘表面应干燥、清洁。尽量缩短高压引线的长度，采用大直径的高压引线，以减小电晕损耗。

（7）变压器的接地端和测量控制系统的接地端要互相连接，并应自成回路，应采用一点接地方式，即仅有一点和接地网的接地端子相连。

（三）绕组频率响应分析

电力变压器绕组在电动力和机械力作用下，其尺寸或形状发生不可逆转的变化，这是电力系统安全运行的一大隐患。通常，对 110kV 及以上电压等级变压器，宜采用频率响应法测量绕组特征图谱。

1. 检测周期

诊断绕组是否发生变形时进行该项目。

2. 检测要求

绕组频率响应检测要求见表 2-1。

表 2-1　　　　　绕组频率响应检测要求

绕组变形程度	相关系数
正常绕组	$R_{LF} \geqslant 2.0$ 和 $R_{MF} \geqslant 1.0$ 和 $R_{HF} \geqslant 0.6$
轻微变形	$1.0 \leqslant R_{LF} < 2.0$ 或 $0.6 \leqslant R_{MF} < 1.0$
明显变形	$0.6 \leqslant R_{LF} < 1.0$ 或 $R_{MF} < 0.6$
严重变形	$R_{LF} < 0.6$

注 R_{LF}、R_{MF}、R_{HF} 分别代表低压、中压、高压绕组三相波形间的相关系数。

当绕组扫频响应曲线与原始记录基本一致时，即绕组频响曲线的各个波峰、波谷点所对应的幅值及频率基本一致时，可以判定被测绕组没有变形。测量和分析方法可参考 DL/T 911《电力变压器绕组变形的频率响应分析法》。

3. 检测方法

（1）测试原理：由绕组一端对地注入扫描信号源，测量绕组两端口特性参数的频域函数，通过分析端口参数的频域图谱特性，判断绕组的结构特征，从而实现诊断绕组变形情况的目的，频率响应分析法的基本检测回路如图 2-37 所示。

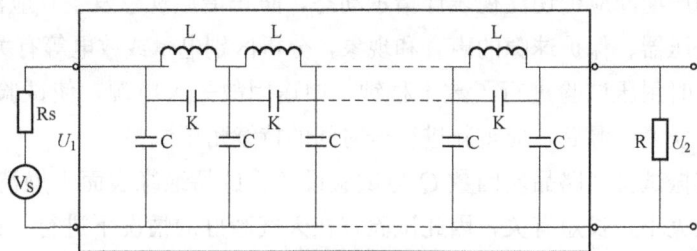

图 2-37 频率响应分析法的基本检测回路

C—绕组对地电容；K—绕组匝间电容

（2）试验接线：测量绕组变形试验接线如图 2-38、图 2-39 所示。

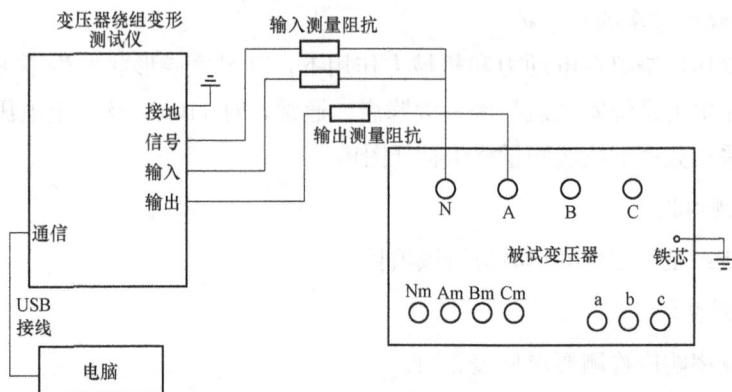

图 2-38 绕组为 Yn 试验接线

4. 注意事项

（1）在试验开始前，将有载分接开关位置放在第一分接，以获得较为全面的绕组信息。

（2）绕组变形测试应在拆开变压器所有引线的前提下进行，并用绝缘绳将

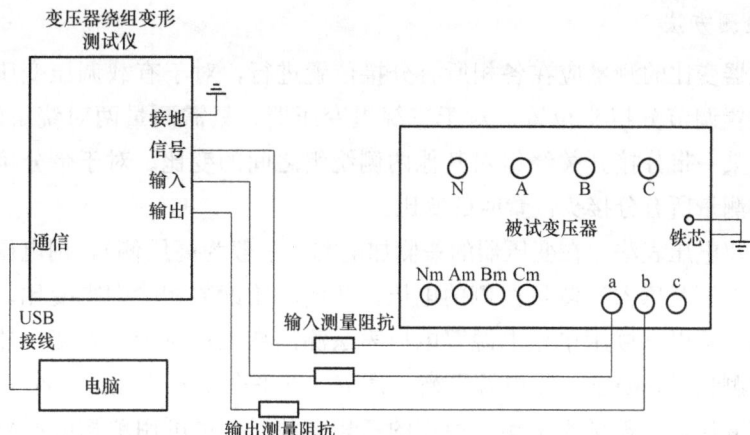

图 2-39 绕组为三角形或星形联结方式的试验接线

拆开的引线尽量拉离套管。

（3）测试前做好接地工作。

（4）应保证接线钳与套管线夹紧密接触，如套管线夹有锈蚀或污渍，必须清理干净后再接线；测试接线注意输入输出位置。

（5）如出现三相频响特性不一致，应检查设备或调整接线后再进行测试，直到同一相的试验结果一致再做分析。

5. 操作

参考附录 F HDRZ-B变压器绕组变形操作手册进行操作。

（四）绕组所有分接的电压比

变压器的变比试验是验证变压器能否达到规定的电压变换效果、变比是否符合变压器技术条件或铭牌所规定数值的一项试验。变比试验的目的是检查各绕组的匝数、引线装配、分接开关指示位置是否符合要求，提供变压器能否与其他变压器并列运行的依据。变比相差1%的中小型变压器并列运行，会在变压器绕组内产生10%额定电流的循环电流，使变压器损耗大大增加，对变压器运行不利。

1. 检测周期

对核心部件或主体进行解体性检修后，或怀疑绕组存在缺陷时，进行该项目。结果应与铭牌标识一致。

2. 检测要求

（1）额定分接位置：初值差不超过±0.5%（警示值）。

（2）其他：初值差不超过±1%（警示值）。

3. 检测方法

变压器变比的测量应在各相所有分接位置进行,对于有载调压变压器,应用电动装置调节分接头位置。对于三绕组变压器,只需测量两对绕组的变比,一般测量某一带分接开关绕组对其他两侧绕组之间的变比。对于带分接开关的绕组,应测量所有分接头位置时的变比。

(1) 双电压表法。在变压器的一侧加电源(一般为高压侧),用电压表(必要时通过电压互感器)测量两侧的电压,两侧电压读数相除即得变比。对于单相变压器,可以直接用单相电源双电压表法测出变比;对于三相变压器,采用三相电源测量时,要求三相电源平衡、稳定(不平衡度不应超过2%),可直接测出各相变比,若现场无平衡、稳定的三相电源时,也可用单相电源测量三相变压器的变比。用双电压表法测量变比的原理如图2-40所示。

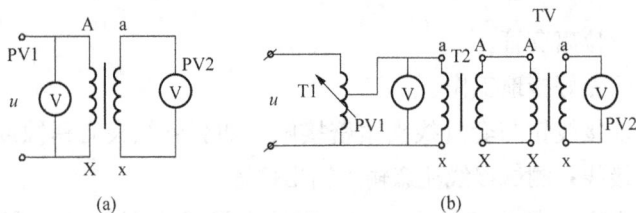

图2-40 用双电压表法测量变比的原理

(a) 直接测量;(b) 通过电压互感器测量

双电压表法原理简单、测量容易,但存在需要精密仪器(0.2级、0.1级的电压表,电压互感器)、误差较大、试验电压较高、不安全等不足。

(2) 变比电桥法。当前,生产制造厂家、运检部门普遍采用变比电桥法进行变比试验,QT-35型、QT-80型变比电桥在现场得到广泛应用,其具有准确度高、灵敏度高、试验电压低、安全、变比误差可以直接读取、可同时测量变压器组别等优点。

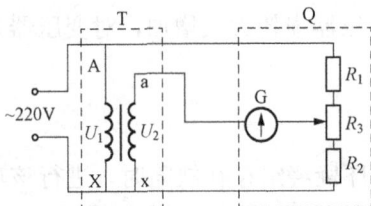

图2-41 QT-35型变比电桥

工作原理及试验接线

T—被试变压器;Q—电桥

QT-35型变比电桥工作原理及试验接线如图2-41所示,测量时,在被试变压器的一次侧加一低电压U_1,则在变压器二次侧有电压U_2,调整R_3阻值,可以使检流计为零,这时变比k可按式(2-10)计算(R_3远小于R_1、R_2,忽略R_3)。

$$k = \frac{U_1}{U_2} = (R_1 + R_2)/R_2 = 1 + \frac{R_1}{R_2}$$

$$(2-10)$$

4. 注意事项

(1) 接测试线前必须对变压器进行充分放电。

(2) 使用电桥时，试验电源应与使用仪器的工作电源相同，接测试线时必须知晓变压器的极性或接线组别，测量操作顺序必须按仪器的说明书进行。

(3) 必须由零开始升压，可以减小由于励磁电流所引起的误差。

(4) 双电压表法测量时，尽可能使电源电压保持稳定，读数时高、低压侧应同时进行。

(5) 使用电压表的准确度不应低于 0.5 级，并应使仪表的指示量程不小于 2/3。

(6) 采用三相电源测量时，要求三相电源平衡、稳定（不平衡度不应超过 2%），二次侧电压表的连接要注意引线不能太长，接触应良好，否则将产生测量误差。

(7) 试验电源一般应施加在变压器高压侧，在低压侧进行测量。当变压器变比较大或容量较小时，可将试验电源加在变压器的低压侧，高压侧电压经互感器测量。互感器准确度不应低于 0.5 级。

(8) 变压器需换挡测量时，必须停止测量，再进行切换。

5. 操作

参考附录 H　HZST70 变比测试仪操作手册进行操作。

第三章 互感器试验

第一节 互感器的工作原理

互感器是将电力系统一次侧交流高电压、大电流按照额定电压比转换成可供测量仪表、继电保护装置或者自动控制装置使用的二次侧低电压、小电流的变压器类设备。传统电磁式互感器工作原理与普通变压器相同，即利用电磁原理进行电压、电流的变换，分为电压互感器与电流互感器两种。近年来发展迅速的电子式互感器工作原理与电磁式有所不同，分为光学电子式互感器和电学电子式互感器，光学电子式互感器的电流测量原理包括法拉第磁光效应，电压测量原理包括泡克耳斯效应；电学电子式互感器的电流测量原理包括罗氏线圈和低功率电流互感器，电压测量原理包括容式分压、感式分压等。

一、互感器的型号参数

（一）电流互感器型号参数

依据 JB/T 3837《变压器类产品型号编制方法》，电流互感器的产品型号及参数按照图 3-1 字母排列顺序进行标示。

（二）电压互感器型号参数

依据 JB/T 3837《变压器类产品型号编制方法》，电压互感器（除电容式电压互感器外）的产品型号及参数按照图 3-2 字母排列顺序进行标示，电容式电压互感器产品型号及参数按照图 3-3 字母排列顺序进行标示。

二、互感器的基本结构

（一）电流互感器结构

按照电流变换原理分类，电流互感器可分为电磁式和电子式；按照绝缘介质进行分类，电流互感器又主要分为干式、环氧浇注式、SF_6 气体绝缘式、油浸

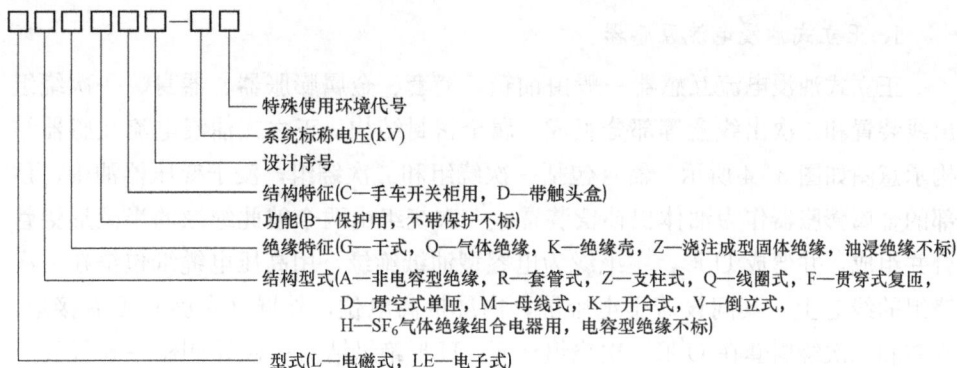

图 3-1 电流互感器的产品型号及参数

- 特殊使用环境代号
- 系统标称电压(kV)
- 设计序号
- 结构特征(C—手车开关柜用，D—带触头盒)
- 功能(B—保护用，不带保护不标)
- 绝缘特征(G—干式，Q—气体绝缘，K—绝缘壳，Z—浇注成型固体绝缘，油浸绝缘不标)
- 结构型式(A—非电容型绝缘，R—套管式，Z—支柱式，Q—线圈式，F—贯穿式复匝，D—贯穿式单匝，M—母线式，K—开合式，V—倒立式，H—SF₆气体绝缘组合电器用，电容型绝缘不标)
- 型式(L—电磁式，LE—电子式)

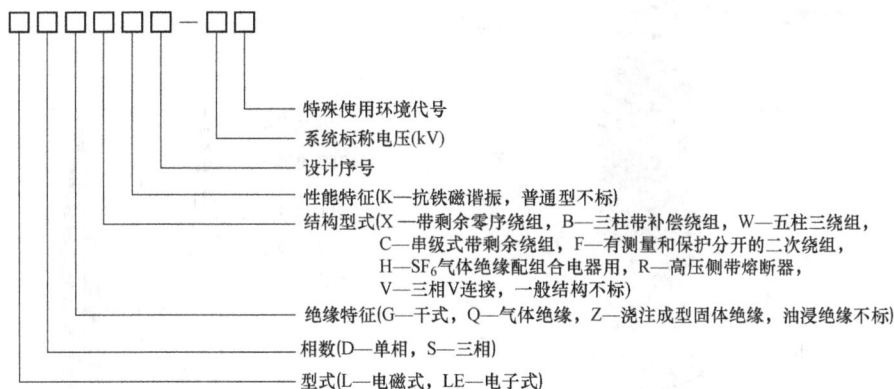

图 3-2 电压互感器（除电容式电压互感器外）的产品型号及参数

- 特殊使用环境代号
- 系统标称电压(kV)
- 设计序号
- 性能特征(K—抗铁磁谐振，普通型不标)
- 结构型式(X—带剩余零序绕组，B—三柱带补偿绕组，W—五柱三绕组，C—串级式带剩余绕组，F—有测量和保护分开的二次绕组，H—SF₆气体绝缘配组合电器用，R—高压侧带熔断器，V—三相V连接，一般结构不标)
- 绝缘特征(G—干式，Q—气体绝缘，Z—浇注成型固体绝缘，油浸绝缘不标)
- 相数(D—单相，S—三相)
- 型式(L—电磁式，LE—电子式)

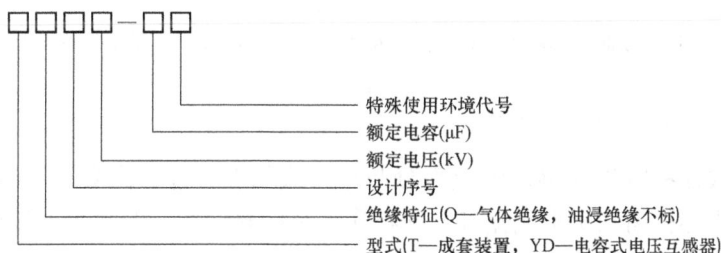

图 3-3 电容式电压互感器产品型号及参数

- 特殊使用环境代号
- 额定电容(μF)
- 额定电压(kV)
- 设计序号
- 绝缘特征(Q—气体绝缘，油浸绝缘不标)
- 型式(T—成套装置，YD—电容式电压互感器)

式等。其中，干式电流互感器只用于低压配电装置中；环氧浇注式常见于 10～35kV 开关柜内；SF₆气体绝缘电流互感器分为两种，一种是为 GIS 配套使用的组合式，另一种为独立式；油浸式电流互感器的结构可分为链型和电容型两种，链型结构用于 35～66kV 电压等级，而电容型结构普遍用于 110kV 及以上电压等级，按照绝缘结构又分为正立式和倒立式两种。下面主要介绍油浸式电流互感器的结构。

1. 正立式油浸电流互感器

正立式油浸电流互感器一般由油箱、瓷套、金属膨胀器、器身、一次绕组出线装置和二次出线盒等部分组成，属全密封结构。正立式油浸电流互感器结构示意图如图 3-4 所示，器身包括一次绕组和二次绕组，浸于变压器油中，顶部的金属膨胀器作为油体积补偿装置。一次绕组由两个彼此绝缘的半圆形铝管合并组成，并弯成 U 形，主绝缘为电容型油纸绝缘，用高压电缆纸包绕在一次绕组的线芯上，其间设若干电容屏，内屏接高电位，外屏（末屏）可靠接地，铁芯和二次绕组套在 U 形一次绕组外面，U 形绝缘结构示意图如图 3-5 所示。

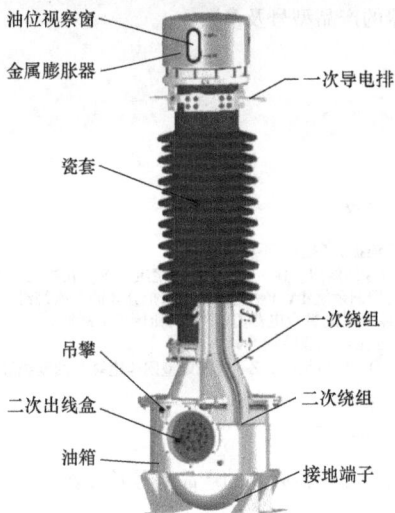

图 3-4　正立式油浸电流互感器结构示意图

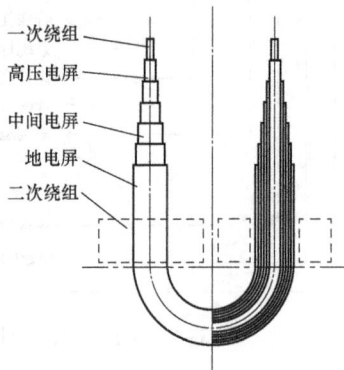

图 3-5　U 形绝缘结构示意图

2. 倒立式油浸电流互感器

倒立式油浸电流互感器组成部分与正立式相似，包含瓷套、金属膨胀器、器身、一次导杆和二次出线盒等，同样属于全密封结构，倒立式油浸电流互感器结构示意图如图 3-6 所示。与正立式不同的是，倒立式电流互感器的绝缘结构呈吊环形，主绝缘全部包在二次绕组上，一次绕组、二次绕组均置于头部。铁芯和二次绕组装配好后，内置在圆形铝金属环内，结构类似于穿心电流互感器，圆形铝金属环的下部通过非磁性金属管与底座固定，二次绕组及铁芯接地引出线经金属管内引出到底座接线盒，圆形铝金属环的外部包上绝缘纸，与穿过的一次导电杆绝缘。金属管的外部用电容屏均压，最内的一层电容屏（零屏）用引线引出供试验用，平时可靠接地，最外的一层电容屏（末屏）用引线与一次绕组的电位相连。吊环形绝缘结构示意图如图 3-7 所示。

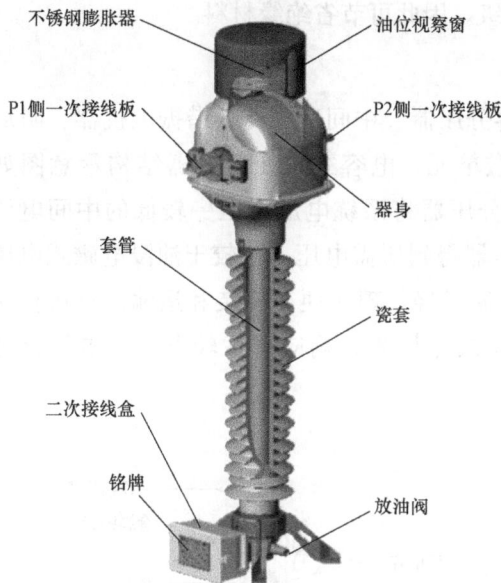

图 3-6　倒立式油浸电流互感器结构示意图

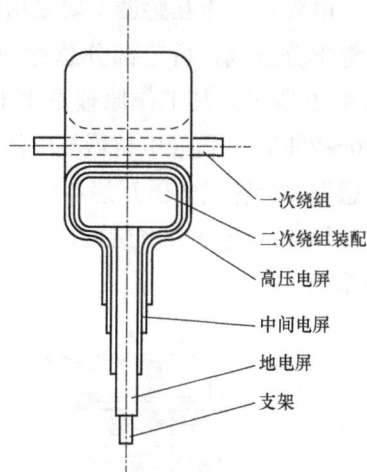

图 3-7　吊环形绝缘结构示意图

相比于正立式，倒立式油浸电流互感器有许多优点：①主绝缘包在二次绕组外，散热效果好；②一次导体较短，容易满足较高动热稳定电流的要求；③一次电流较小时，也可以做到高准确级。倒立式油浸电流互感器的缺点有：①由于二次绕组和铁芯在互感器的头部，互感器重心较高；②由于体积较小，内部绝缘的变压器油很少（约为正立式同电压等级的 60%），不能长期采油样化验；③由于结构紧凑，制造工艺和使用材料较常规正立式油浸互感器要求更为严格。

（二）电压互感器结构

按照电压变换原理分类，电压互感器可分为电磁式、电容式和电子式；按照绝缘介质进行分类，电压互感器又主要分为干式、环氧浇注式、SF$_6$气体绝缘式、油浸式等。其中，油浸电磁式电压互感器和电容式电压互感器广泛用于110kV 及以上电压等级中，下面主要介绍二者结构。

1. 油浸电磁式电压互感器

目前国内 110kV 及以上电磁式电压互感器普遍采用串级式，串级式电压互感器由底座、器身、瓷套、金属膨胀器等部分组成，串级式电压互感器结构示意图如图 3-8 所示，瓷套既作外绝缘，又作油箱用。串级式结构是把一次绕组分成匝数相等的几个部分，每一等份匝数制成一个绕组分别套在各自的铁芯柱上，构成串级中的一级，再将各级绕组串联起来，每一级只处在额定电压的一部分电压下，其绝缘可均匀分布于各级，因此可节省绝缘材料。

2. 电容式电压互感器

电容式电压互感器主要是由电容分压器、中间变压器、谐振电抗器、阻尼器等部分组成，后三部分总称为电磁单元，电容式电压互感器结构示意图如图 3-9 所示。其工作原理是由电容分压器将系统电压降至一较低的中间电压（10～20kV），再经电抗器与中间变压器得到所需电压。相较于油浸电磁式电压互感器，电容式电压互感器体积小、质量轻，现场便于安装和运输，且运行时不易导致系统的铁磁谐振，但其主要缺点是暂态响应特性较电磁式电压互感器差。

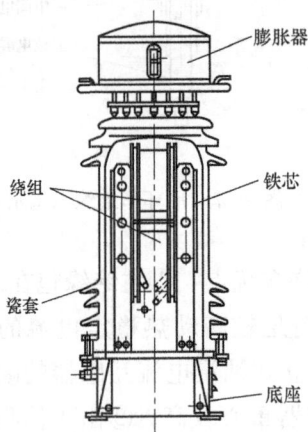

图 3-8　串级式电压互感器结构示意图　　图 3-9　电容式电压互感器结构示意图

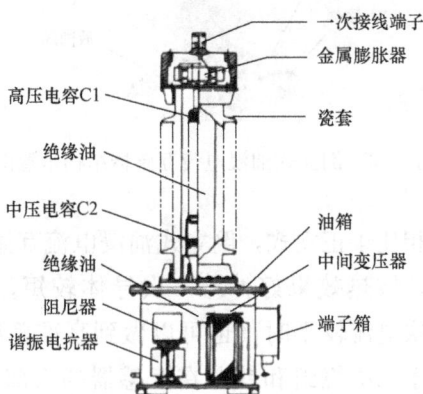

第二节　互感器停电试验

一、停电例行试验

（一）电流互感器

电流互感器例行试验项目包括红外热像检测、油中溶解气体分析（油纸绝缘）、绝缘电阻测量、电容量和介质损耗因数测量等。

1. 红外热像检测

电流互感器为电流致热型设备，开展红外热像检测可用于发现电流互感器线夹搭接面接触不良、电流互感器缺油等隐患。

（1）红外测温周期。

1) 330kV 及以上：1 月。

2) 220～330kV：3 月。

3) 110（66）kV：半年。

4) 35kV 及以下：1 年。

（2）红外测温标准及要求。红外测温判据要求红外热像图显示无异常温升、温差和相对温差，符合 DL/T 664《带电设备红外诊断应用规范》的要求。

2. 油中溶解气体分析

油浸式电流互感器内部充满了变压器油，变压器油是由许多不同分子量的碳氢化合物分子组成的混合物，电或热故障可以使某些 C-H 键和 C-C 键断裂，伴随生成少量活泼的氢原子和不稳定的碳氢化合物的自由基，这些氢原子或自由基通过复杂的化学反应迅速重新化合，形成 H_2 和低分子烃类气体，如 CH_4、C_2H_6、C_2H_4、C_2H_2 等，也可能生成碳的固体颗粒及碳氢聚合物（X 蜡）。油的氧化还会生成少量的 CO，长时间的累积可达显著数量。随着异常点能量的由低到高，生成低分子烃类气体依次为 CH_4、C_2H_6、C_2H_4、C_2H_2，因此检测互感器油中溶解气体的含量，即可判断互感器当前所处的状态。

（1）检测周期。110（66）kV 及以上：①正立式：≤3 年；②倒置式：≤6 年。

（2）气体含量要求。

1) 乙炔（注意值）：≤2μL/L [110（66）kV]、≤1μL/L（220kV 及以上）。

2) 氢气（注意值）：≤150μL/L [110（66）kV 及以上]。

3) 总烃（注意值）：≤100μL/L [110（66）kV 及以上]。

（3）三比值法。当电流互感器油色谱数据异常时，可采用三比值法具体判断互感器的异常类型。油的热分解温度不同，烃类气体各组分的相互比例不同。任一特定的气态烃的产气率随温度而变化，在某一特定温度下，有一最大产气率，但各气体组分达到其最大产气率所对应的温度不同，把产生的各种组分气体浓度的相对比值作为判断产生油裂变的条件，就是目前使用的"比值法"。三比值法是利用三对比值（C_2H_2/C_2H_4、CH_4/H_2、C_2H_4/C_2H_6）的编码组合来进行故障类型判断的方法，一般在特征气体含量超过注意值后使用。表 3-1 和表 3-2 给出了编码规则和故障类型判断方法，其在 IEC 60599 推荐的三比值法的基础上，根据国内的实践经验对编码组合和故障类型进行了细化。

表 3-1　　　　　　　　三比值法编码规则

气体比值范围	比值范围的编码		
	C_2H_2/C_2H_4	CH_4/H_2	C_2H_4/C_2H_6
＜0.1	0	1	0

续表

气体比值范围	比值范围的编码		
	C_2H_2/C_2H_4	CH_4/H_2	C_2H_4/C_2H_6
[0.1, 1)	1	0	0
[1, 3)	1	2	1
≥3	2	2	2

表 3 - 2 故障类型判断方法

编码组合			故障类型判断	典型故障（参考）
C_2H_2/C_2H_4	CH_4/H_2	C_2H_4/C_2H_6		
0	0	0	低温过热（低于150℃）	纸包绝缘导线过热，注意 CO 和 CO_2 的增量和 CO_2/CO
	2	0	低温过热（150～300℃）	分接开关接触不良；引线连接不良；导线接头焊接不良，股间短路引起过热；铁芯多点接地，硅钢片间局部短路等
	2	1	中温过热（300～700℃）	
	0，1，2	2	高温过热（高于700℃）	
2	1	0	局部放电	高湿、气隙、毛刺、漆瘤、杂质等所引起的低能量密度的放电
	0，1	0，1，2	低能放电	不同电位之间的火花放电，引线与穿缆套管（或引线屏蔽管）之间的环流
	2	0，1，2	低能放电兼过热	
1	0，1	0，1，2	电弧放电	线圈匝间、层间放电，相间闪络；分接引线间油隙闪络，选择开关拉弧；引线对箱壳或其他接地体放电
	2	0，1，2	电弧放电兼过热	

（4）注意事项。

1）故障判断时，先将油中气体含量值与注意值比较，当部分气体明显增大但并未超出注意值时，应增加取样频次。可利用气体增量做三比值法定位故障类型。

2）结果判断时，应排除天气、取样标准步骤执行情况等外部因素的影响。

3）对于油色谱数据略有异常的应增加取油频率。

3. 绝缘电阻测量

测量电流互感器绕组的绝缘电阻的主要目的是检查其绝缘是否有整体受潮或老化的缺陷。

（1）检测周期。110（66）kV 及以上：3 年。

（2）检测标准。

1）一次绕组：一次绕组绝缘电阻应大于 3000MΩ，或与上次测量值相比无显著变化。

2）末屏对地（电容型）：＞1000MΩ（注意值）。

（3）检测方法。测量时，采用 2500V 绝缘电阻表测量。当有两个一次绕组时，还应测量一次绕组间的绝缘电阻。一次绕组的绝缘电阻应大于 3000MΩ，或与上次测量值相比无显著变化。有末屏端子的，测量末屏对地绝缘电阻。

测量绝缘电阻时，还应考虑空气湿度、互感器表面脏污、温度等对绝缘电阻的影响，必要时，可在套管下部外表面用软铜线围绕几圈引至绝缘电阻表的 G 端子，以消除表面泄漏的影响。

（4）影响因素。

1）温度。温度对绝缘电阻影响很大，一般绝缘电阻是随温度上升而减小的。因为当温度升高时，绝缘介质中的极化加剧，电导增加，使绝缘电阻值降低。

2）湿度和脏污。湿度对表面泄漏电流的影响较大。绝缘表面吸附潮气，瓷套表面形成水膜，常使绝缘电阻显著降低。此外，由于某些绝缘材料有毛细管作用，当空气中的相对湿度较大时，会吸收较多的水分，电导增加，使绝缘电阻值降低。

3）放电时间。每测完一次绝缘电阻后，应将被试品充分放电，否则在重复测量时，由于剩余电荷的影响，其充电电流和吸收电流将比第一次测量时小，从而造成绝缘电阻增大的假象。

4）感应电压。当感应电压强烈时，可能损坏绝缘电阻表，得不到真实的测量值。

4. 电容量和介质损耗因数测量（固体绝缘或油纸绝缘）

在交流电压的作用下，流过介质的电流由有功电流 I_R 和无功电流 I_C 两部分组成，两者的比值即为介质损耗因数 tanδ。

当电气设备的绝缘普遍受潮、脏污或老化，以及绝缘中有气隙发生局部放电时，流过绝缘的有功电流分量 I_R 将增大，tanδ 也增大。通过测量绝缘的 tanδ，可以反映整个绝缘的分布性缺陷。

（1）检测周期。110（66）kV 及以上：3 年。

（2）检测标准。

1）电容量初值差不超过±5％（警示值）。

2）介质损耗因数 tanδ 满足表 3-3 要求（注意值）。其中，聚四氟乙烯缠绕绝缘：≤0.005。

表 3-3　　　　　　　　　　　　**电容量和介质损耗因数标准**

U_m （kV）	126/72.5	252/363	≥550
tanδ	≤0.01	≤0.008	≤0.007

（3）检测方法。110kV 及以上的电流互感器，一般为油纸电容型结构，分为正立式和倒置式结构。

这类互感器由供测量 tanδ 用的末屏端子引出，现场测量时可方便地用介质损耗电桥正接线进行电容量和介质损耗因数的测量，电流互感器正接法电容量和介质损耗因数测量连线如图 3-10 所示。测量时一次绕组加压，二次绕组短路接地，电桥 Cx 线接末屏端子，这时测得的是一次绕组对末屏的 tanδ 和 C_x。

电流互感器进水受潮以后，水分一般沉积在底部，最先使底部和末屏受潮。因此规定，当末屏对地绝缘电阻小于 1000MΩ 时，应在测量一次绕组对末屏主绝缘 C_x 和 tanδ 的同时，测量末屏对地的 C_x 和 tanδ。测量末屏对地的 C_x 和 tanδ 时，用介质损耗电桥反接线，末屏接高压输出线，加压 2kV，互感器二次绕组短路接地，一次绕组接电桥的屏蔽 E 端。末屏对地的 tanδ 应不大于 0.015。

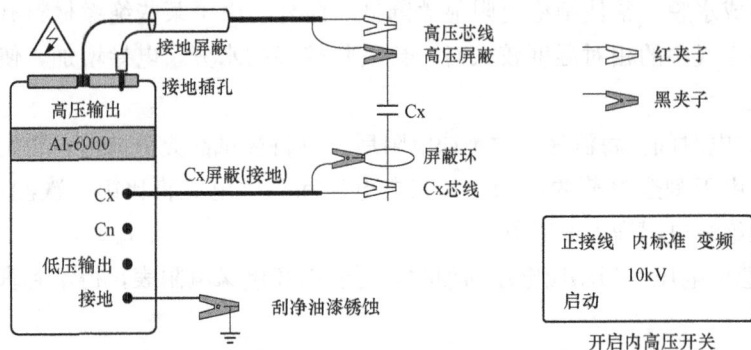

图 3-10　电流互感器正接法电容量和介质损耗因数测量连线

（4）影响因素。

1）温度。温度对 tanδ 测量影响较大，影响程度随试品绝缘材料、结构及本身绝缘状况的不同而异。一般 tanδ 随温度的升高而增加，现场测试时需将测试结果换算。

2）湿度和脏污。tanδ 与湿度关系很大，介质受潮脏污后，表面泄漏增大，还会出现夹层极化，因而 tanδ 将增加，可以通过加屏蔽环进行改善。

3）试验电压的影响。良好绝缘的 tanδ 不随电压的升高而明显增加。若绝缘内部有缺陷，则其 tanδ 将随试验电压的升高而明显增加。

4）被试品电容的影响。对电容量较小的设备（如套管、互感器、耦合电容器等），测量 tanδ 能有效发现局部集中性和整体分布性缺陷。但对于电容量较大的设备（变压器、电缆），只能发现整体分布性缺陷。

（5）试验分析。如果绝缘内的缺陷不是分布性的，而是集中性的，则测量 tanδ 的方法有时反应就不灵敏。被试绝缘的体积越大，就越不灵敏。带有集中性缺陷的绝缘是不均匀，可以把它看成由两部分介质并联组成的绝缘，大容量设备绝缘等值电路如图 3-11 所示，其中 R_1、C_1 表示无缺陷部分；R_2、C_2 表示有缺陷部分，则整体介质损耗为两部分介质损耗之和，表示为 $P = P_1 + P_2$，即

$$\omega C U^2 \tan\delta = \omega C_1 U^2 \tan\delta_1 + \omega C_2 U^2 \tan\delta_2 \tag{3-1}$$

图 3-11　大容量设备绝缘等值电路

则有

$$\tan\delta = \frac{C_1 \tan\delta_1 + C_2 \tan\delta_2}{C} = \frac{C_1}{C}\tan\delta_1 + \frac{C_2}{C}\tan\delta_2 \tag{3-2}$$

当整体绝缘的体积很大，而缺陷部分绝缘很小时，C 远大于 C_2，难以反映绝缘缺陷部分真实情况。

（6）操作。参考附录 A　AI-6000k 电容量及介质损耗测试仪操作手册进行操作。

（二）电容式电压互感器

电容式电压互感器例行试验项目包括红外热像检测、绝缘电阻测量、电容量和介质损耗因数等，具体试验项目及基准周期规定如下。

1. 红外热像检测

（1）红外测温周期。

1）330kV 及以上：1 月。

2）220～330kV：3 月。

3）110（66）kV：半年。

4）35kV 及以下：1 年。

（2）红外测温标准及要求。红外测温判据要求红外热像图显示无异常温升、温差和相对温差，符合 DL/T 664《带电设备红外诊断应用规范》的要求。

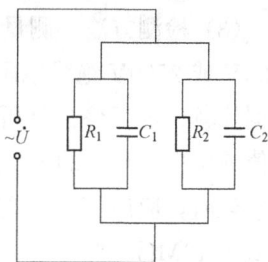

2. 绝缘电阻测量

(1) 检测周期。110（66）kV 及以上：3 年。

(2) 检测标准。

1）极间绝缘电阻：≥5000MΩ（注意值）。

2）二次绕组绝缘电阻：≥10MΩ（注意值）。

(3) 检测方法。测量时，一次绕组用 2500V 绝缘电阻表测量，二次绕组用 1000V 或 2500V 绝缘电阻表测量，非被测绕组应接地。试验结果可与历次试验数据比较，进行综合分析判断。一般情况下，一次绕组的绝缘电阻不应低于出厂值或历次测量值的 60%；二次绕组一般不低于 10MΩ。当电压互感器吊芯检查修理时，应用 2500V 绝缘电阻表测量铁芯夹紧螺栓的绝缘电阻，其值一般不应低于 10MΩ。

测量绝缘电阻时，还应考虑空气湿度、互感器表面脏污、温度等对绝缘电阻的影响，必要时，可在套管下部外表面用软铜线围绕几圈引至绝缘电阻表的 G 端子，以消除表面泄漏的影响。

测量电容式电压互感器绝缘电阻可以下分为三步：

1）测量中间变压器绝缘电阻，测量原理如图 3-12 所示，解开 C2 电容末端（N）和中间变压器末端（E）接地，将 C1 首端、N、E 短接加压，二次绕组接地。

2）测量电容 C1 极间绝缘电阻，解开 C2 电容末端（N）和中间变压器末端（E）接地，将 C1 首端接绝缘电阻表 L 段加压，N 端接绝缘电阻表 E 端，二次绕组接地，测量原理如图 3-13 所示。

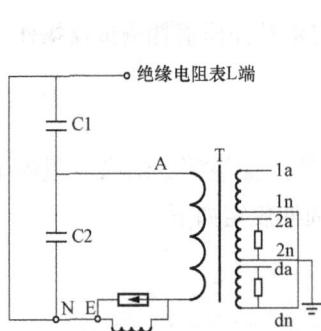

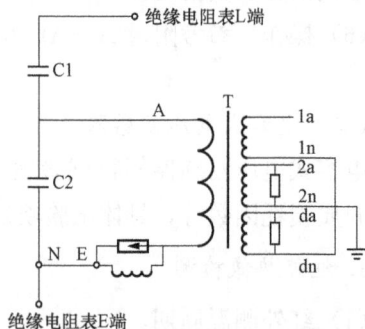

图 3-12　中间变压器绝缘电阻测量原理　　图 3-13　电容 C1 极间绝缘电阻测量原理

3）测量分压电容 C2 极间绝缘电阻，将互感器 N 端和 E 端短接线打开，N 端接绝缘电阻表 L 端加压，C1 首端和 E 端短接接入绝缘电阻表 E 端，二次绕组接地，测量原理如图 3-14 所示。

(4) 影响因素。电容式电压互感器绝缘电阻测试影响因素与电流互感器相同。

3. 电容量和介质损耗试验

（1）检测周期。110（66）kV 及以上：3 年。

（2）检测标准。

1）电容量初值差：不超过±2%（警示值）。

2）介质损耗因数：①油纸绝缘：≤0.005（注意值）；②膜纸复合：≤0.0025（注意值）。

（3）检测方法。测电容式电压互感器

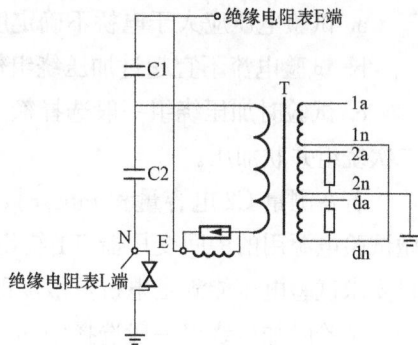

图 3-14　分压电容 C2 极间绝缘电阻测量原理

电容量和介质损耗因数可直接采用介质损耗电桥自激法，一次性即可测出 C1、C2 电容量和介质损耗因数。电容式电压互感器自激法接线如图 3-15 所示。当需要定位具体缺陷点时，可将电容式电压互感器各部分电容量分别测量。

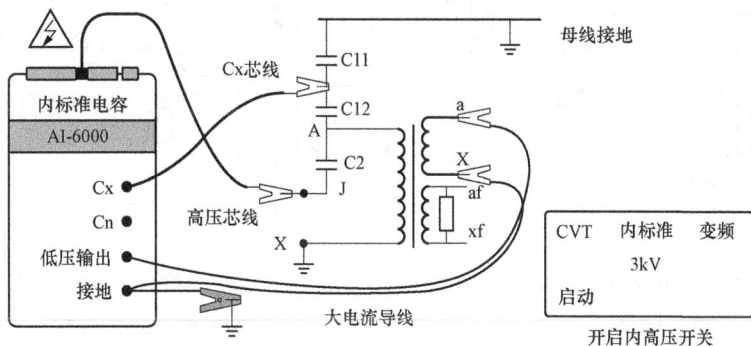

图 3-15　电容式电压互感器自激法接线

1）正接法测主电容 C1 电容量和 $\tan\delta_1$。测量主电容 C1 电容量和 $\tan\delta_1$ 的接线如图 3-16 所示。由中间变压器励磁加压，加压绕组一般选择额定输出容量最大的二次绕组。X_T 点接地，分压电容 C2 的 δ 点接高压电桥的标准电容器高压端，主电容 C1 高压端接高压电桥的 Cx 端，按正接线法测量。由于 δ 点绝缘水平所限，试验电压不超过 2kV。此时 C2 与 Cn 串联组成标准支路，一般 Cn 的 $\tan\delta\approx0$，而 C2 的电容量远大于 Cn 的电容量，故不影响测量结果。

2）正接法测主电容 C2 电容量和 $\tan\delta_2$。测量分压电容 C2 电容量和 $\tan\delta_2$ 的接线图如图 3-17 所示。由中间变压器励磁加压，X_T 点接地，分压电容 C2 的 δ 点接高压电桥的 Cx 端，主电容 C1 高压端与标准电容 Cn 高压端相接，按正接线法测量。试验电压应在高压侧测量。此时，C1 与 Cn 串联组成标准支路。

试验时应注意下列事项：

a. 试验电压应大于电桥不确定度要求的最低电压。

b. 试验电流不宜超过加压绕组额定电流，避免波形畸变影响数据准确性。

c. 试验时加压绕组一般选择额定输出容量最大的二次绕组，必要时可两个二次绕组并联加压。

若在测量 C2 电容量和 $\tan\delta_2$ 时，电桥电压升至 10kV，由于 C2 电容量较大，做试验电源用的中间变压器 T1 绕组中的电流值可能超过其最大热容量。因此，只要求试验电压能满足电桥灵敏度即可，一般 2～4kV 可达到要求。

试验时加压绕组一般选择中间变压器 T1 的额定输出容量最大的二次绕组，在测量 C2 电容量和 $\tan\delta_2$ 时，C2 和 T1 绕组及补偿电抗器 L 会形成谐振回路，从而出现危险的过电压，因此应在加压绕组间接上阻尼电阻 R。

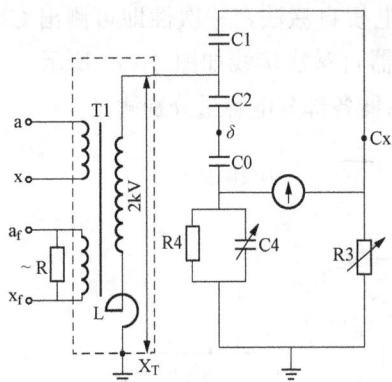

图 3-16　正接法测主电容 C1 的
电容量和 $\tan\delta_1$

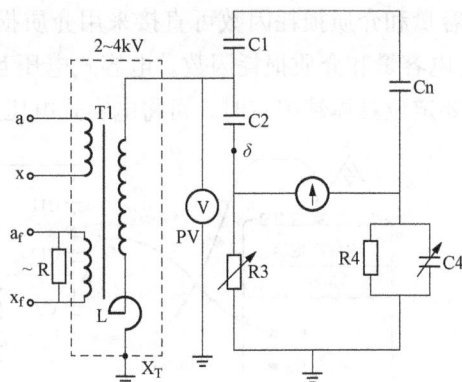

图 3-17　正接法测主电容 C2
电容量和 $\tan\delta_2$ 的接线

3）反接法测中间变压器电容量和 $\tan\delta$。反接法测中间变压器电容量和 $\tan\delta$ 的接线如图 3-18 所示。将 C2 末端 δ 与 C1 首端相连，X_T 悬空，中间变压器各二次绕组均短路接地按反接线测量。由于 δ 点绝缘水平限制，外施交流电压 2kV，其试验等值电路如图 3-19 所示。

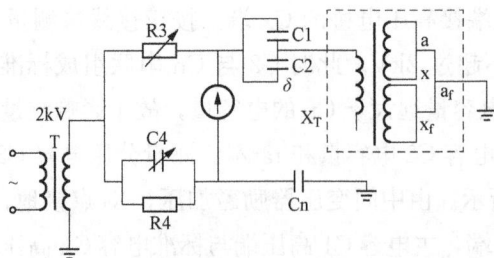

图 3-18　反接法测中间变压器电容量和 $\tan\delta$ 的接线

图 3-19 中，C1 和 C2 的电容量之和远大于中间变压器电容量，因此按图 3-18 试验接线图测得的 $\tan\delta$ 近似认为是 $\tan\delta_T$，测得的电容量近似认为是变压器的电容量。

（4）影响因素。电容式电压互感器介质损耗测试影响因素同上。

（5）操作。参考附录 A AI-6000k 电容量及介质损耗测试仪操作手册进行操作。

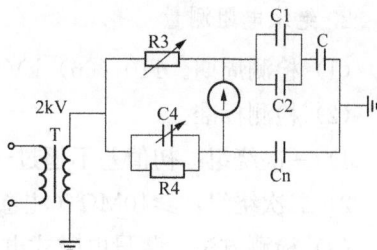

图 3-19 等值电路

（三）电磁式电压互感器

电磁式电压互感器例行试验与电容式电压互感器类似，主要包括红外热像检测、绝缘电阻测量、电容量和介质损耗因数测量。电磁式电压互感器包括全绝缘和串级式两种，全绝缘电磁式电压互感器一次绕组收尾端绝缘水平相同，试验方法较为简单。

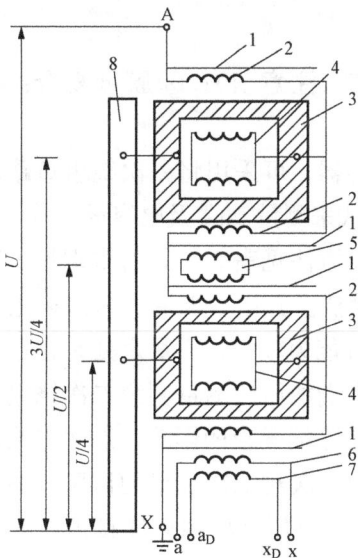

图 3-20 220kV 串级式
电压互感器原理接线

1—静电屏蔽层；2——一次绕组（高压）；

3—铁芯；4—平衡绕组；5—连耦绕组；

6—二次绕组；7—剩余二次绕组；8—支架

220kV 串级式电压互感器原理接线如图 3-20 所示。一次绕组分成 4 段，绕在两个铁芯上，两个铁芯被支撑在绝缘支架上，铁芯对地分别处于 3/4 和 1/4 的工作电压，一次绕组最末一个静电屏（共有 4 个静电屏）与末端 X 相连接，X 点运行中直接接地。末电屏外是二次绕组 ax 和剩余二次绕组 $a_D x_D$。X 与 ax 绕组运行中的电位差仅 $100/\sqrt{3}$ V，它们之间的电容量约占整体电容量的 80%。110kV 级的绕组及结构布置与 220kV 级类似，一次绕组共分 2 段，只有一个铁芯，铁芯对地电压为 1/2 的工作电压。

1. 红外热像检测

（1）红外测温周期。

1）330kV 及以上：1 月。

2）220～330kV：3 月。

3）110（66）kV：半年。

4）35kV 及以下：1 年。

（2）红外测温标准及要求。红外测温判据要求红外热像图显示无异常温升、温差和相对温差，符合 DL/T 664《带电设备红外诊断应用规范》要求。

2. 绝缘电阻测量

（1）检测周期。110（66）kV 及以上：3 年。

（2）检测标准。

1）一次绕组：初值差不超过-50%（注意值）。

2）二次绕组：≥10MΩ（注意值）。

（3）检测方法。测量电磁式电压互感器绝缘电阻与电容式电压互感器类似，将被试绕组接绝缘电阻表接加压端，非被试绕组短路接地即可，考察绕组之间的绝缘强度。

（4）影响因素。电容式电压互感器绝缘电阻测试影响因素与电流互感器相同。

3. 电容量和介质损耗因数测量

（1）检测周期。110（66）kV 及以上：3 年。

（2）检测标准。

1）电容量初值差不超过±2%（警示值）。

2）介质损耗因数：①油纸绝缘：≤0.005（注意值）；②膜纸复合：≤0.0025（注意值）。

（3）检测方法。对于全绝缘电磁式电压互感器，可采用将一次绕组短路加压，各二次绕组均短路，接电桥 Cx 的正接线方式来测量 $\tan\delta$ 及电容量。

测量串级式电压互感器 $\tan\delta$ 和电容量的主要方法见表 3-4，有末端加压法（见图 3-21）、末端屏蔽法、常规试验法和自激法。其中，末端加压法采用较广，其优点是电压互感器 A 点接地，抗电场干扰能力较强，不足之处是存在二次端子板的影响，且不能测绝缘支架的 $\tan\delta$，末端加压法测量剩余二次绕组端部 $\tan\delta$ 的接线如图 3-22 所示。末端屏蔽法能排除端子板的影响，能测出绝缘支架的 $\tan\delta$，其中包括电压互感器底座接地测量一次对二次绕组的试验（测出 C_a 及 $\tan\delta_a$）、电压互感器底座接地测量一次对支架与二次绕组并联的试验（测出 C_b 及 $\tan\delta_b$）、直接测量支架 $\tan\delta$，其接线分别如图 3-23～图 3-25 所示。电压互感器的预防性试验规定，必须增加对绝缘支架的介质损耗的测试项目，因此 DL/T 596《电力设备预防性试验规程》建议采用末端屏蔽法试验。自激法抗干扰力差，一般较少采用。

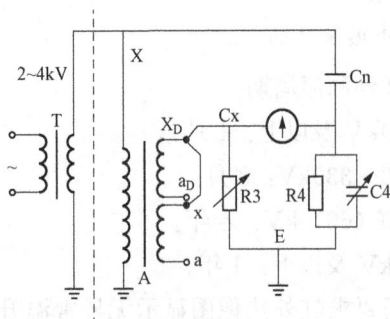

图 3-21 末端加压法测量接线

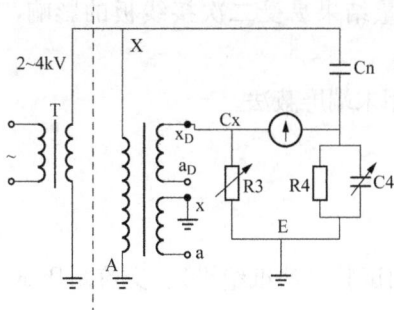

图 3-22　末端加压法测量剩余二次
绕组端部 $\tan\delta$ 的接线

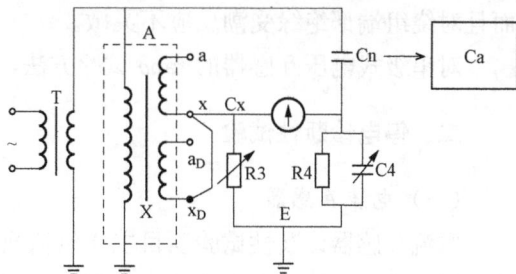

图 3-23　末端屏蔽法（测出 C_a 及 $\tan\delta_a$）

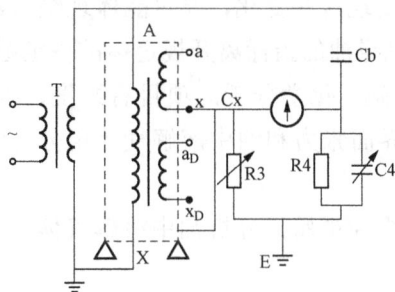

图 3-24　末端屏蔽法
（测出 C_b 及 $\tan\delta_b$）
△—支架

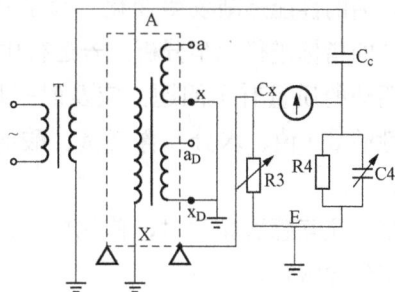

图 3-25　末端屏蔽法（直接测量
支架 $\tan\delta$ 接线）
△—支架

表 3-4　　　　　测量串级式电压互感器 $\tan\delta$ 的接线

序号	试验方法	图号	西林电桥接线方式			被试品接线方式				被测绝缘部位				测得结果
			接线方式	Cx端的连接	端的链接	加压端和试验电压	接地端	悬浮端	底座	绕组间	支架	二次端子	三次端子	
1	末端加电压	图 3-21	正接线	x, x_D	地	X 加 2~3kV	A	a_D, a	接地	√		√	√	
2		图 3-22		x_D	地	A, X	a_D, a	接地		√		√	√	
3	末端屏蔽法	图 3-23	正接线	x, x_D	地	A 加 10kV 或绕组额定电压（限于 Cn）	X	a_D, a	接地	√				C_a、$\tan\delta_a$
4		图 3-24		x, x_D 底座	地		X	a_D, a	接地	√	√			C_b、$\tan\delta_b$
5		图 3-25		底座	地		X, x, x_D	a_D, a	接地		√			C_c、$\tan\delta_c$

应当指出，末端加压法同常规法一样，测量结果易受二次接线板的影响，而且对绕组端部绝缘受潮反应不灵敏。

对串级式电压互感器的 tanδ 试验方法，采用末端屏蔽法。

二、停电诊断性试验

（一）电流互感器

电流互感器诊断性试验项目主要包括绝缘油试验（油纸绝缘）、交流耐压试验、局部放电测量、电流比校核和绕组电阻测量。

1. 绝缘油试验

绝缘油在电场、高温和其他因素作用下，不断地进行着氧化（又称"老化"），油的性能逐渐发生变化。为了及时发现这些变化，要对能体现绝缘油质量特征的指标进行化学分析。若运行中的绝缘油的指标离开规定标准一定范围，就说明油的质量有了问题，应及时采取措施。化学分析的项目有黏度、闪点、水溶性酸 pH 值、水分、含气量、酸值、界面张力和油中溶解气体组分含量分析等。

当电流互感器异常时，首先应开展绝缘油试验，分析油中溶解气体、含水量等定位异常点。

2. 交流耐压试验

工频交流耐压试验是对电气设备绝缘施加高出它额定工作电压一定值的工频试验电压，并持续一定的时间（一般为 1min），观察绝缘是否发生击穿或其他异常情况。该试验对集中性缺陷的检查非常有效，在绝缘试验中具有决定意义。

在需要确认电流互感器绝缘介质强度时进行该试验。工频交流耐压试验是破坏性试验，会引起绝缘内部的累积效应（每次试验对绝缘所造成的损伤迭加起来）。因此，试验时要严格按照规程要求，根据被试品电压等级选择合适的试验电压。当被试电流互感器开展过注油、调整油位等行为后，需按规程要求对被试设备静置一定时间。

（1）检测标准。

1）一次绕组：试验电压为出厂试验值的 80%。

2）二次绕组之间及末屏对地：2kV。

3）试验时间：1min。

（2）检测方法。电流互感器交流耐压试验接线及方法与变压器相同，进行一次绕组对外壳及地的交流耐压试验时，二次绕组短路接外壳及地，一次绕组试验电压按有关规程规定执行。试验过程中无异常声响及电压无突然跌落即认为试验合格。一次绕组的试验电压为出厂试验值的 80%、二次绕组之间及末屏

对地的试验电压为 2kV，时间为 1min。电流互感器
交流耐压试验接线如图 3-26 所示。

（3）操作要点。

1）试验前，应了解被测试品的试验电压，同
时了解被测试品的其他试验项目及以前的试验结
果。若被测试品有缺陷及异常，应在消除后再进行
交流耐压试验。

图 3-26　电流互感器
交流耐压接线

T—试验变压器；C1、C2—电容
分压器；T1—被试互感器；R—保
护电阻；PV—峰值电压表

2）试验现场应围好遮栏或围绳，挂好标示牌，
并派专人监护。被测试品应断开与其他设备的连
线，并保持足够的安全距离，距离不够时应考虑加
设绝缘挡板或采取其他防护措施。

3）试验前，被测试品表面应擦拭干净，将被测试品的外壳和非被试绕组可
靠接地。被测试品为新充油设备时，应按相关规定使油静止一定时间再施压。

4）接好试验接线后，应由有经验的人员检查，确认无误后方可准备升压。

5）调整保护球隙，使其放电电压为试验电压的 110%～120%，连续试验 3
次，应无明显差别，并检查过电流保护动作的可靠性。

6）加压前，首先要检查调压器是否在零位。调压器在零位方可升压，升压
时应相互呼唱。

7）升压过程中不仅要监视电压表的变化，还应监视电流表的变化，以及被
测试品电流的变化。升压时，要均匀升压，不能太快。升至规定试验电压时，
开始计算时间，时间到后缓慢均匀降低电压，不允许不降压就先跳开电源断路
器，因为不降压就跳开电源断路器相当于给被测试品做了一次操作波试验，极
可能损坏设备绝缘。

8）试验中若发现表针摆动或被测试品有异常声响、冒烟、冒火等，应立即
降低电压，拉开电源，在高压侧挂上接地线后，再查明原因。

9）交流耐压试验前后均应测量被测试品的绝缘电阻，有条件时，还要测量
局部放电。

（4）试验异常分析。交流耐压试验时应严密监视仪表的指示，同时注意声
音的变化及异常，以便根据仪表指示、放电声音及被测试品的绝缘结构等，并
根据实践经验来综合分析判断试品是否合格。

1）若给调压器加上电源，电压表就有指示，可能是调压器不在零位。若此
时电流表也出现异常读数，调压器输出侧可能有短路和类似短路的情况，如接
地棒忘记摘除等。

2）调节调压器，电压表无指示，可能是自耦调压器电刷接触不良，或电压

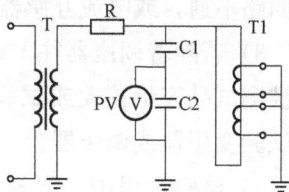

表回路不通，或电流互感器的一次绕组、测量绕组有断线的地方。

3）若随着调压器往上调节，电流增大，电压基本不变或有下降趋势，可能是被测试品容量较大或试验变压器容量不够或调压器容量不够，可改用大容量的试验变压器或调压器。

4）试验过程中，电流表的指示突然上升或突然下降，电压表指示突然下降，都是被测试品击穿的象征。

3. 局部放电测量

在电场作用下，绝缘系统中只有部分区域发生放电，而没有贯穿施加电压的导体之间，即尚未击穿，这种现象称为局部放电。当绝缘体局部区域的电场强度达到击穿场强时，该区域发生放电。由于局部放电开始阶段能量小，其放电并不立即引起绝缘击穿，电极之间尚未发生放电的完好绝缘仍可承受设备的运行电压。但在长时间运行电压下，局部放电所引起的绝缘损坏继续发展，最终导致绝缘事故发生。通过局部放电测量试验，能及时发现设备绝缘内部是否存在局部放电，以及其严重程度和部位，从而及时采取处理措施，达到防患于未然的目的。

（1）检测标准。$1.2U_m/\sqrt{3}$ 下：①气体：$\leqslant$20pC；②油纸绝缘及聚四氟乙烯缠绕绝缘：$\leqslant$20pC；③固体：$\leqslant$50pC（注意值）。

（2）检测方法。进行局部放电测量时，最好是将测量阻抗 Z_m 直接接到电流互感器末屏与接地法兰之间，局部放电测量接线示意图如图 3-27 所示。也可用高压耦合电容器的方法，采用高压耦合电容器的局部放电测量接线如图 3-28 所示，但耦合电容器应无局部放电，其电容值与校准发生器的电容量相比应足够大（至少大于 10C），测量阻抗接在该电容器的低压端子与地之间。

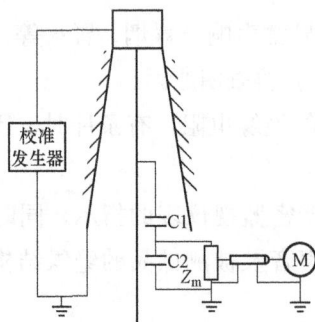

图 3-27　局部放电测量
接线示意图

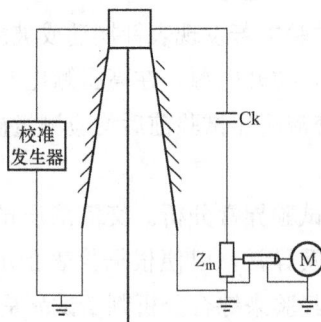

图 3-28　采用高压耦合电容器
的局部放电测量接线

（3）常规抗干扰措施。试验中的干扰包括三个方面：来自加压回路的干扰、来自试品外部的电晕干扰、来自局部放电仪器电源回路的干扰。针对这三方面的干扰，应分别采取措施来识别并排除干扰。

1）加压回路。

a. 应尽可能使试验回路的接地与试验电源励磁控制回路的接地隔离，切断干扰窜入的途径。

b. 在进行局部放电测量时，各测量端同时进行监测，如果出现干扰，可根据传递比关系判断干扰的来源和传播方向。

c. 当某些脉冲已被确定为干扰脉冲时，可采用开窗或反开窗技术剔除加压回路所产生的脉冲干扰，但开窗范围应尽可能小。

d. 根据局部放电实测灵敏度与背景噪声影响设置局部放电仪的测量频带。

2）测量设备。

a. 局部放电测量仪应具备同时监测多个测量端局部放电信号的能力。

b. 用于监测和录波的局部放电测量仪应具有长时四通道、局部放电信号记录功能和实时三维图形分析功能。

c. 高通滤波器应具有 40Hz 或 80Hz 的截止频率，以消除低频干扰信号的影响。

d. 测量仪器电源应采用双级隔离变压器。

e. 应配置通道数不少于 6 的局部放电超声监测系统，且该系统应具有电信号触发、声信号触发功能和长时记录局部放电定位的功能。

3）测量阻抗。

a. 应依据试验回路的等效调谐电容选择测量阻抗，以提高测量信号的信噪比，降低背景干扰水平。

b. 应改善测量阻抗的结构，加大通流能力，防止大电流产生磁饱和现象。

c. 选择调谐电容合理（低电感、大电流）的测量阻抗，加强局部放电测量系统的滤波器能力，可采用 2 级截止频率为 40Hz 的高通滤波器降低谐波干扰。

4）试品外部及邻近物体放电识别与抗干扰的要求。

a. 试验时，应采用紫外光成像检测仪进行监测，如有条件也可采用录像监测，当发现试品外部（套管、均压环、金属屏蔽设施等）及邻近物体存在放电现象时，应及时排查并消除。

b. 试验时，测试人员应在安全距离下进行超声监测或人工监听，若有异常现象应及时暂停试验。

c. 应对高压端的所有均压环进行必要的抛光处理与清洁，防止电晕产生。

d. 应对邻近物品及加压导线进行合理布置，防止高电压对周围设施及邻近物体的放电。

e. 应检查地线连接，测试回路一点接地，可防止地线环流产生干扰。

4. 电流比校核

对核心部件或主体进行解体性检修之后，或需要确认电流比时，进行电流表校核。在 5%～100% 额定电流范围内，从一次侧注入任一电流值，测量二次侧电流，校核电流比，测试结果应符合技术规范要求。

5. 绕组电阻测量

红外检测温升异常，或怀疑一次绕组存在接触不良时，应测量一次绕组电阻。要求测量结果与初值比没有明显增加，并符合设备技术文件要求。二次电流异常，或有二次绕组方面的家族缺陷时，应测量二次绕组电阻，分析时应考虑温度的影响。

（二）电容式电压互感器

当怀疑电容式电压互感器存在内部异常时，开展诊断性试验，包括电压互感器局部放电测量。电压互感器局部放电测量原理与电流互感器保持一致。

（1）检测标准。$1.2U_m/\sqrt{3}$：$\leqslant$10pC。

（2）检测方法。试验在完整的电容式电压互感器上进行。在电压值为 $1.2U_m/\sqrt{3}$ 下测量，测量结果符合技术要求。试验电压不能满足要求时，可将分压电容按单节进行。按采用高压耦合电容器的方法开展局部放电测量。

第四章 断路器试验

第一节 断路器结构及原理

高压断路器是电力系统最重要的控制和保护设备。高压断路器种类繁多，数量非常大，其在正常运行中主要用于接通高压电路和断开负载，以及在发生事故时切断故障电流，必要时进行重合闸。高压断路器的工作状况及绝缘性能直接影响电力系统的安全可靠运行。

一、断路器分类

目前国内电力系统中大量使用的高压断路器按绝缘介质和结构的不同分为油断路器、SF_6断路器、真空断路器。此外，还有压缩空气断路器、自产气断路器、磁吹断路器等。

1. 油断路器

采用变压器绝缘油作为灭弧介质的称为油断路器。其中的变压器绝缘油除了作为灭弧介质外，还作为触头开断后的断口间绝缘和带电部分与接地外壳之间绝缘介质的断路器，称为多油断路器，多用于 110kV 及以下系统；变压器绝缘油只作为灭弧介质和触头开断后的绝缘介质，不作为带电导体部分对地之间的绝缘，而带电部分的绝缘采用瓷件或其他介质，则称为少油断路器，多用于 6~220kV 系统。由于易发生火灾、易爆炸，因此油断路器具有检修周期短、使用寿命短等特点，影响供电的可靠性，故在发达国家已淘汰。

2. SF_6断路器

SF_6断路器是采用具有优质灭弧性能和绝缘性能的六氟化硫（SF_6）气体作为灭弧介质和绝缘介质的断路器，多用于 35kV 及以上系统。目前 110kV 以上电网大多采用 SF_6断路器，它与真空断路器一样，都是着重发展的断路器。

3. 真空断路器

真空断路器利用真空作为绝缘介质和灭弧介质，将用于灭弧的动、静触头封在真空泡内。真空断路器在灭弧过程中没有气体的冲击，故在关合或断开时，对断路器杆件的振动较小，可频繁操作。在 3～35kV 电压等级、操作频繁、户内装设等场合应用比较多。我国已生产 10、35kV 电压级真空断路器。

二、断路器结构组成及其作用

断路器主要由开断元件、绝缘支持件、传动部件、操动机构等部分组成，断路器的基本结构如图 4-1 所示。开断元件的作用是开断及关合电力线路，安全隔离电源，主要由主灭弧室、辅助灭弧室、主触头系统、辅助触头系统、主导电回路、并联电阻构成。绝缘支持件的主要零部件包括瓷柱、瓷套管、绝缘管等构成的支柱本体、拉紧绝缘子等。

断路器的主要作用是通过绝缘支柱实现对地的电气隔离，承受开断元件的操作力及各种外力。传动部件的作用是将操作命令及操作功传递给开断元件的触头和其他部件，主要由各种连杆、齿轮、拐臂、液压管道、压缩空气管道等构成；操动机构的作用是通过若干机械环节使动触头按指定的方式和速度运动，实现电路的开断与关合，主要由弹簧、液压、电磁、气动及手动机构的本体及其配件组成。

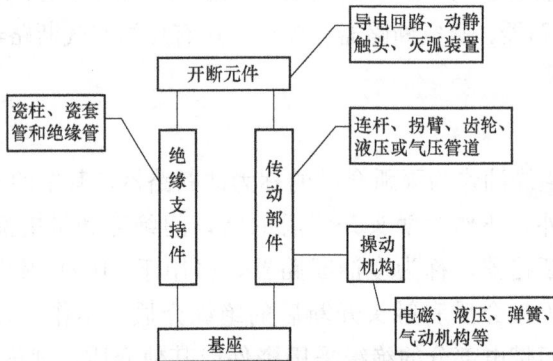

图 4-1 断路器的基本结构

（一）油断路器

1. 多油断路器

多油断路器的结构特点是所有的元件都在接地金属油箱中，绝缘油一方面作为灭弧介质，另一方面作为导电部分之间、导电部分与接地油箱之间的绝缘介质。其缺点是体积大、用油多、结构复杂，不便维护检修，目前已基本退出运行。我国早期生产的多油断路器为 DW1-35、DW2-35 型，其缺点是结构复杂、开断容量不足、调节困难、容易拒动和误动等。1971年，我国自行设计 DW8-35型多油断路器，并投产使用，该产品遍及全国，数以万计，其性能比 DW1-35和DW2-35优越，多油断路器如图4-2所示。

2. 少油断路器

少油断路器的结构特点是触头、灭弧系统都放置在绝缘油筒中，绝缘油只作为灭弧介质和触头间的绝缘，使用的油量少，对地绝缘主要由绝缘子、环氧玻璃布、环氧树脂等固体介质实现，相间绝缘利用空气来实现。少油断路器目前也已基本退出运行，其常用型号为SN2-35型、SW2-126型，少油断路器如图4-3所示。

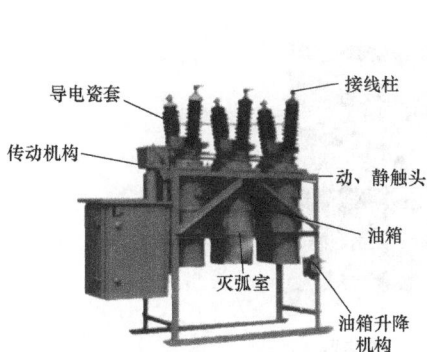

图4-2 多油断路器

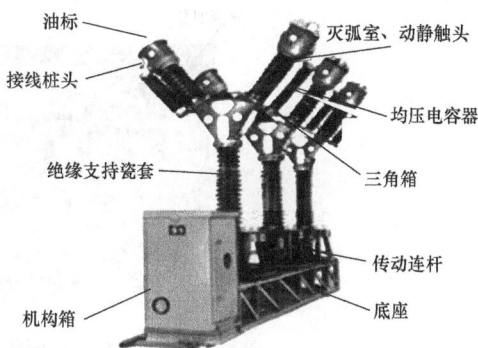

图4-3 少油断路器

（二）SF₆断路器

SF$_6$断路器采用有优良灭弧性能和绝缘性能的SF$_6$气体作为灭弧介质，优点是动作快、开断能力强、体积小，但金属消耗多、价格较贵。近年来SF$_6$断路器发展快速，在高压及超高压系统中得到广泛应用。以SF$_6$断路器为主体的封闭式组合电器，是高压和超高压电器的重要发展方向。

SF$_6$断路器主要有瓷柱式和落地罐式。瓷柱式SF$_6$断路器的灭弧装置在绝缘支持瓷套的顶部，通过绝缘杆进行操动，除了灭弧室带电以外，其余箱壳部分均不带电。瓷柱式系列断路器性能优良，采用不同数量的标准灭弧单元和绝缘支持瓷套即可组成不同电压等级的产品，瓷柱式SF$_6$断路器如图4-4所示。落地罐式SF$_6$断路器的总体结构类似于箱式多油断路器，其灭弧装置通过绝缘件支持在接地金属罐的中心，通过套管引线即可用于全封闭组合电器，这种结构便于加装电流互感器，抗震性好，但系列性差，且造价昂贵，落地罐式SF$_6$断路器如图4-5所示。

（三）真空断路器

真空断路器主要由真空灭弧室、支架和操动机构三部分组成，以真空作为

图 4-4　瓷柱式 SF_6 断路器

图 4-5　落地罐式 SF_6 断路器

灭弧介质和绝缘介质，真空度一般要求为 $1.33 \times 10^{-7} \sim 1.33 \times 10^{-3}$ Pa。真空断路器开断能力强，而且具有开断时间短、体积小、无噪声、无污染、寿命长、能够频繁操作，检修周期长，灭弧速度快、触头不易氧化等优点，在我国 10、35kV 电压等级配电系统中得到广泛应用，真空断路器如图 4-6 所示。

真空断路器是利用在真空电弧中生成的带电粒子和金属蒸汽具有很高的扩散速度的特性，在电弧电流为零，电弧暂时熄灭时，使触头间隙的介质强度能很快恢复而实现灭弧的，真空断路器灭弧室原理结构如图 4-7 所示。

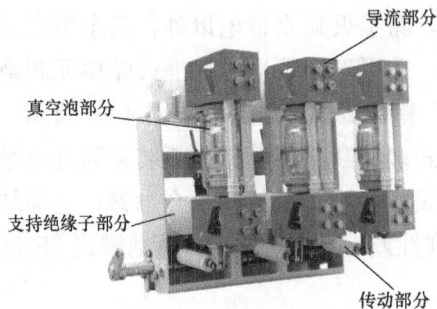

图 4-6　真空断路器

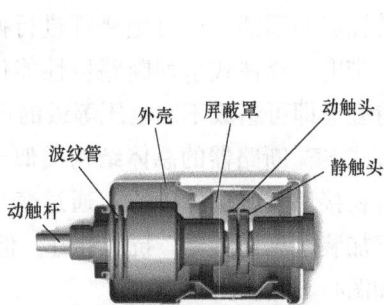

图 4-7　真空断路器灭弧室原理结构

三、断路器主要参数及型号

1. 断路器的主要参数

（1）额定电压。指断路器长时间正常工作时的最佳电压，也称标称电压。

（2）额定频率。指在交变电流电路中 1s 内交流电所允许且必须变化的周期数。

（3）额定绝缘水平。指断路器在规定的标准大气条件下，相对地间、断口间、相间，耐受各种电压的能力。

（4）额定电流和温升。额定电流指断路器长时间正常工作时的最佳电流；温升指断路器各个部位比环境高出的温度。电流通过导体后产生电流热效应，随着时间的推移，导体表面的温度不断上升直至达到稳定的温差。

（5）额定短时耐受电流。指在规定的短时间内，断路器能够承受的电流的有效值，其大小等于额定短路电流。一般也被称为热稳定电流。

（6）额定短时持续时间。合闸状态下，断路器所能承载的额定短时耐受电流的时长。

（7）额定峰值耐受电流。指断路器在合闸位置所能承受的额定短时耐受电流第一个大半波的峰值电流，等于额定短时关合电流。一般被称为动稳定电流。

（8）额定短路开断电流。指开关极限断开电流的最大能力。

（9）额定短路关合电流。指合闸时短路电流的绝限能力。

（10）操作和灭弧用压缩气体源的额定压力。

（11）操动机构、辅助回路及控制回路的额定电源频率。

（12）操动机构、辅助回路及控制回路的额定电源电压。

（13）噪声及无线电干扰水平。

2. 断路器型号及其含义

（1）DW 系列：高压户外多油断路器。

（2）SW 系列：高压户外少油断路器。

（3）SN 系列：高压户内少油断路器。

（4）ZW 系列：高压户外真空断路器。

（5）ZN 系列：高压户内真空断路器。

（6）LW 系列：高压户外 SF_6 断路器。

（7）LN 系列：高压户内 SF_6 断路器。

举例说明：SW2 - 110Ⅱ，S 代表少油断路器；W 代表户外使用；2 代表设计号；110 代表适用于额定电压为 110kV 的系统；Ⅱ代表本系列开关中的Ⅱ型开关。

断路器型号及其含义如图 4 - 8 所示。

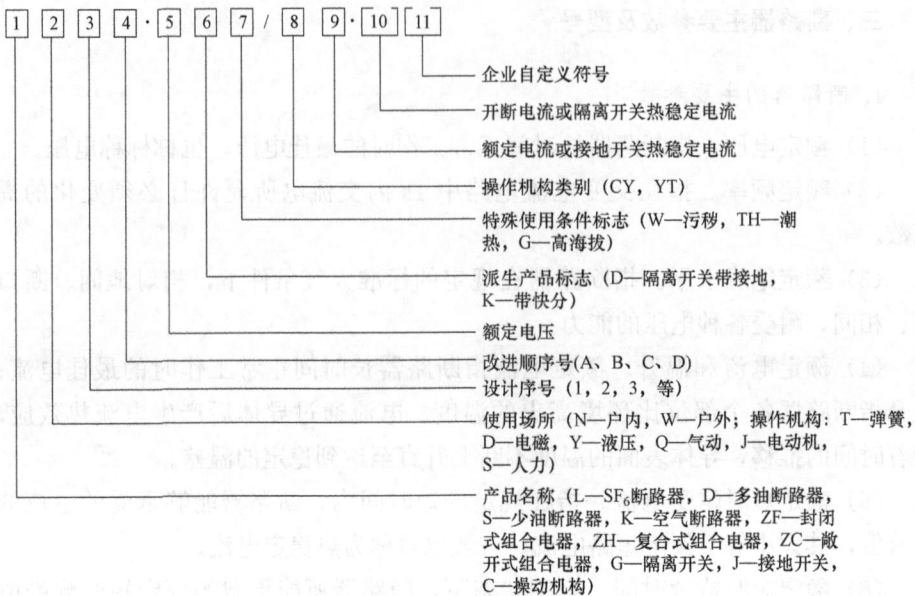

图 4-8 断路器型号及其含义

第二节 断路器例行试验

例行试验是指为了获取设备状态量，评估设备状态，及时发现事故隐患，定期进行的各种带电检测和停电试验。例行试验一般按周期进行，需要将设备退出运行后才能做的例行试验称为停电例行试验。

一、例行带电检测

（一）SF_6气体湿度检测

SF_6气体湿度检测是SF_6断路器、GIS等充有SF_6气体设备运行维护的主要内容之一。SF_6气体中的水分超过一定标准会造成严重不良后果，其危害表现包括：①使设备的绝缘强度大大降低；②水分的存在会使SF_6在电弧作用下加速分解，产生很多有害物质，造成设备的化学腐蚀，并对工作人员的人身安全产生威胁。因此，对于SF_6气体中的水分含量必须严格控制。

1. 基准周期

（1）110（66）kV 及以上：3 年。

（2）35kV 及以下：4 年。

（3）必要时。

2.SF$_6$气体湿度检测标准及要求

检测标准相关规程给出的是环境温度 20℃的值。如果实际环境温度不是20℃，应该换算为 20℃再进行比较。由于不同温度换算误差较大，最好安排在相近温度下测量。

SF$_6$气体湿度检测不大于 300μL/L（注意值），具体可参考 Q/GDW 1168《输变电设备状态检修试验规程》中的相关要求。

3.SF$_6$气体湿度检测的方法

应对每个独立气室的 SF$_6$气体进行湿度测试。依据所使用仪器不同，主要有电解法、露点法和阻容法三种，电解法露点仪外形如图 4-9 所示，该仪器具有操作简便、受环境干扰小、数据重复性好、响应速度快等优点。取样方法参考 DL/T 1032《电气设备用六氟化硫（SF$_6$）气体取样方法》，测量方法可参考DL/T 506《六氟化硫电气设备中绝缘气体湿度测量方法》、DL/T 914《六氟化硫气体湿度测定法（重量法)》和 DL/T 915《六氟化硫气体湿度测定法（电解法)》。

4.SF$_6$气体湿度检测注意事项

（1）气路管道连接要可靠，严防泄漏。

（2）仪器的排气应用 10m 以上的排气管引至下风口。

（3）取样接头、管道应做好防潮处理。

（4）通常不应在相对湿度大于 85％的环境中测试，阴雨天气不能在室外测试。

图 4-9　电解法露点仪外形

（5）SF$_6$气体可从密度继电器处取样，测量完成后，按照要求恢复密度继电器，并注意按力矩要求紧固。

（二）红外热像检测

目前电力系统广泛采用红外热像技术检测电力设备热故障，其可为电力设备状态检修提供有力的技术支撑。现场红外成像技术测温分为一般检测和精确检测两种操作方法，目前电力系统可以采用红外热像精确检测对 SF$_6$断路器、真空断路器、气体绝缘金属封闭开关设备等进行故障精确判断。

1.基准周期

（1）330kV 及以上：1 个月。

（2）220～330kV：3 个月。

（3）110（66）kV：6 个月。

（4）35kV 及以下：1 年。

(5) 必要时。

2. 红外测温标准及要求

红外测温判据要求红外热像图显示无异常温升、温差和相对温差，符合 DL/T 664《带电设备红外诊断应用规范》的要求。进行红外测温还有以下要求：

(1) 红外测温采用红外成像仪测试。

(2) 测试应尽量在负荷高峰、夜晚进行。

(3) 在大负荷增加检测。

3. 精确检测操作方法

检测温升采用的环境温度参照物应尽可能选择与被测设备类似的物体，且最好能在同一方向或同一视场中选择。具体测量和分析方法可参考 DL/T 664《带电设备红外诊断应用规范》。

在安全距离允许的情况下，红外成像仪最好尽量靠近被测设备，使被测设备能够充满整个仪器的范围，从而提高仪器对被测设备表面细节的分辨能力和测温准确度，必要时，可使用中、长焦距镜头。当检测线路温度时一般需使用中、长焦镜头。

为了准确测温或方便跟踪，应提前设定几个不同角度和方向，确定最佳检测位置，并做好标记，以便以后复测用，提高对比性和工作效率。

正确选择被测设备的辐射率，特别要考虑金属材料表面氧化对选取辐射率的影响。将大气温度、相对湿度、测量距离等补偿参数输入，进行必要修正，并选择适当的测温范围。检测时应记录设备实际负荷电流、额定电流、运行电压、被检物体温度及环境参照体的温度。

(三) 局部放电带电检测

局部放电是在电场作用下，绝缘系统中只有部分区域发生放电而并没有形成贯穿性放电通道的一种放电形式。局部放电可能发生在绝缘体的表面或内部，或者发生在导体表面，主要有自由金属颗粒放电、尖端放电、电晕放电、悬浮放电、沿面放电五个类型。其危害主要有：①放电质点对绝缘的直接冲击，造成局部绝缘破坏，逐步扩大使绝缘击穿；②生成有毒、有腐蚀性物质；③连续放电使压力和温度升高，加快绝缘劣化。GIS设备局部放电原因如图4-10所示。

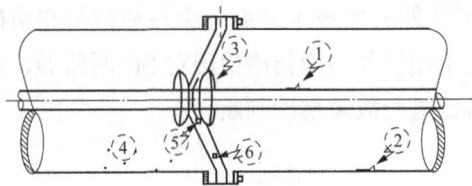

图 4-10　GIS 设备局部放电原因

1—导体上的毛刺；2—壳体上的毛刺；3—悬浮屏蔽（接触不良）；4—自由移动的金属颗粒；5—盆式绝缘子上的颗粒；6—盆式绝缘子内部缺陷

局部放电检测是发现设备内部绝缘缺陷最有效的手段，而超声波和特高频检测是 GIS 设备局部放电带电检测的最有效技术。

1. 特高频检测

电力设备绝缘体的绝缘强度和击穿场强都很高，当局部放电在很小范围内产生时，击穿速度很快，会产生很陡的脉冲电流，其上升时间小于 1ns，并产生频率高达数吉赫兹的电磁波。特高频局部放电检测的基本原理是通过特高频传感器对电力设备中局部放电时产生的特高频电磁波（$300\text{MHz} \leqslant f \leqslant 3\text{GHz}$）信号进行检测，从而获得局部放电的相关信息，实现局部放电监测，特高频局部放电检测传感器如图 4-11 所示。

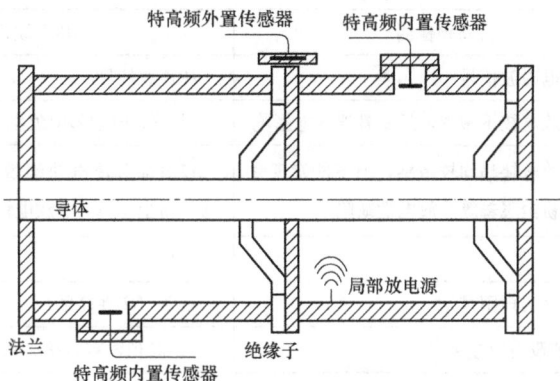

图 4-11 特高频局部放电检测传感器

特高频局部放电检测传感器可以灵敏地检测到该电磁波，并通过自动诊断软件对电磁波的波形进行自动诊断，以判断有无故障发生的因素。传感器分内置式和外置式，日常检测将外置式传感器固定在盆式绝缘子上（浇注孔），局部放电仪进行数据分析，从而判断内部是否有局部放电发生。使用内同步时，必须从现场检修箱或室内墙上插座接电源。

2. 超声波检测

电力设备内部产生局部放电信号时，会有冲击的振动及声音产生。超声波检测通过安装在设备腔体外壁上的超声波传感器来测量局部放电信号，传感器与电力设备的电气回路没有任何的联系，不受电气方面干扰，但容易受到现场周围环境噪声或设备机械振动的影响。由于超声波信号在电力设备的绝缘介质中衰减很大，因此超声波检测的检测范围有一定限制，但其具有定位准确度高的优点，超声波检测原理如图 4-12 所示。

在 GIS 外壳上，尤其是断口部位，选取不同的测量点进行超声检测，每个测量点间隔 1m 左右，对试验结果进行记录，并进行判断。

特高频检测和超声波检测对比见表 4-1。

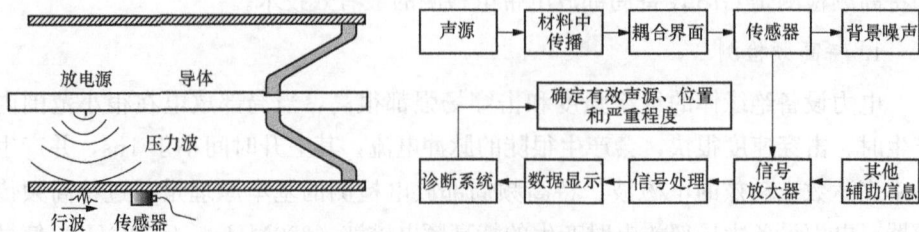

图 4-12 超声波检测原理

表 4-1 特高频检测和超声波检测对比

对比内容	特高频检测	超声波检测
检测信号	特高频电磁波信号	超声波信号
抗干扰	对电晕放电较不敏感，易受悬浮放电影响	对电气干扰较不敏感，易受振动噪声影响
灵敏度	对各种放电缺陷均较敏感，但不能发现弹垫松动、粉尘飞舞等非放电性缺陷	仅对部分放电缺陷敏感，能发现弹垫松动、粉尘飞舞等非放电性缺陷
检测范围	＞10m	＜1m
定位功能	不具备（实现困难）	具备（实现简单）
缺陷定量	与 pC 值没有直接关系	与 pC 值没有直接关系

3. 不同放电类型典型图谱

（1）尖端放电。在连续模式下峰值和有效值都会增大，信号稳定，50Hz 相关性明显，100Hz 相关性较弱。在相位模式下，一个周期内会有一簇较集中聚焦点，尖端放电图谱如图 4-13 所示。

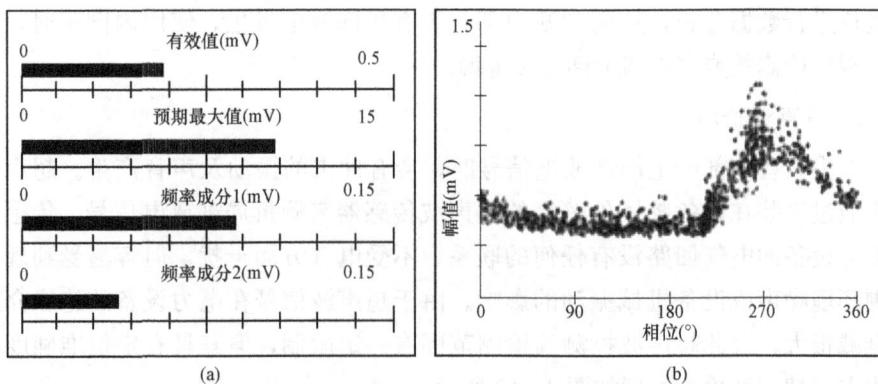

图 4-13 尖端放电图谱
（a）超声波信号特征图；（b）超声波信号相位图

如果毛刺在壳体上，信号峰值 U_{peak}＜2mV 可继续运行；如果毛刺在导体上，U_{peak}＞3mV 建议停电处理。只要信号高于背景值都是有害的。导体上毛刺和壳体上毛刺的判断方法如下：

1）相位法。导体上的尖端一般在负半波出现，放电幅值低但次数多，电压高时正半波也有较少幅值高的放电信号出现，壳体上尖端与此相位相差 180°。

2）测量范围。导体上尖端测量范围大，在一定区域内信号变化比较小；壳体上只在一个区域内检测，信号变化程度大。

3）带宽法。将带宽从 10～100Hz 调整到 10～50Hz，观察幅值变化，壳体变化大，导体变化小。

（2）悬浮放电。悬浮放电图谱如图 4-14 所示，在连续图谱中，有效值和幅值都会增大，信号稳定，50Hz 信号较弱，100Hz 信号明显；在相位模式下，一个周期内会有两簇较集中聚焦点。

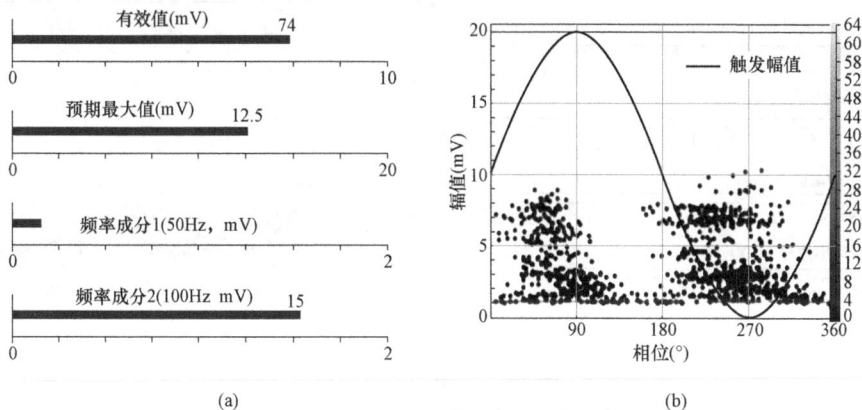

(a)　　　　　　　　　　　　　　　(b)

图 4-14　悬浮放电图谱

（a）超声波信号特征图；（b）超声波信号相位图

（3）自由金属颗粒放电。自由金属颗粒放电图谱如图 4-15 所示，在连续模式中，幅值和有效值很大，信号不稳定，呈现周期性波动，而且没有 50Hz 和 100Hz 相关性。随机运动信号可能增大，也可能消失。

（4）沿面放电。沿面放电是绝缘表面金属颗粒或脏污造成的局部放电。其放电时间间隔不稳定，幅值分散性较大，放电极性效果不明显，沿面放电图谱如图 4-16 所示。

二、例行停电试验

（一）断路器回路电阻试验

断路器回路电阻是指断路器导电回路上的电阻，包括导电回路上的导体电

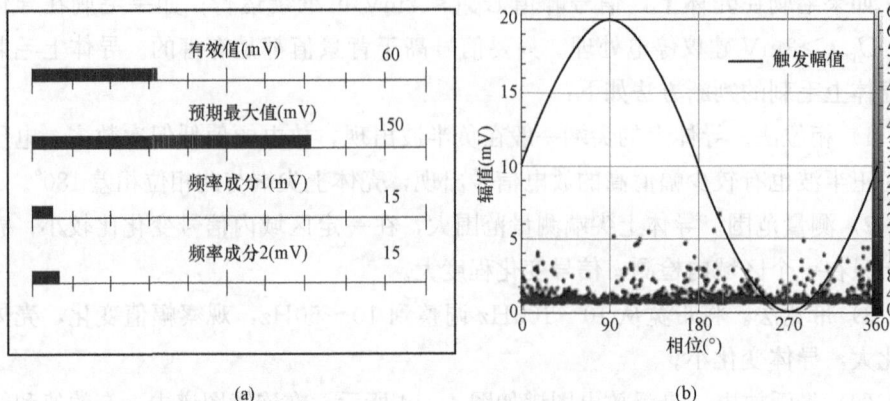

(a)　　　　　　　　　　　　(b)

图 4-15　自由金属颗粒放电图谱

(a) 超声波信号特征图；(b) 超声波信号相位图

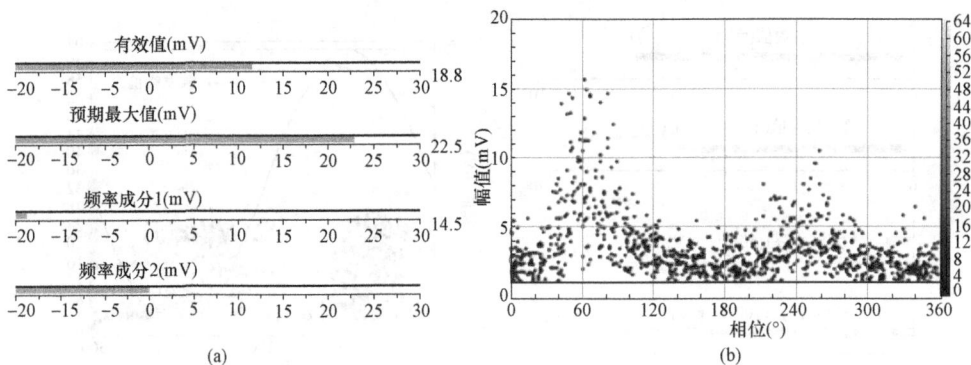

(a)　　　　　　　　　　　　(b)

图 4-16　沿面放电图谱

(a) 超声波信号特征图；(b) 超声波信号相位图

阻和断路器动、静触头间的接触电阻。断路器的回路电阻主要由断路器动、静触头间的接触电阻决定。

1. 断路器回路电阻试验方法原理

采用直流压降法测量断路器回路电阻，将断路器处于合闸状态，在被测回路上施加直流电流，采集被测回路的电流和电压，则电压与电流的比值即为被测回路的回路电阻，断路器回路电阻试验原理如图 4-17 所示。

由于导电回路接触电阻很小，仅为微微欧，因此电压表内阻远大于导电回路接触电阻，故导电回路电阻 $R_x = U/I$。测量断路器回路电阻时应注意：

(1) 使用直流压降法测量时，测量电流不小于 100A（1000kV 回路电阻测试时，电流不应小于 300A）。在合闸状态下测量进出线之间的主回路电阻。

(2) 测量时，电压线接断口的触头端，电流线接电压线的外侧，并应接触良好。

(3) 通常在分、合闸数次后进行测量，以消除表面氧化膜的影响。

（4）电压线端子不应通过电流。

2. 主回路电阻测量标准及要求

（1）SF_6断路器。

1）基准周期。

a. 110（66）kV 及以上：3 年。

b. 35kV 及以下：4 年。

c. 必要时。

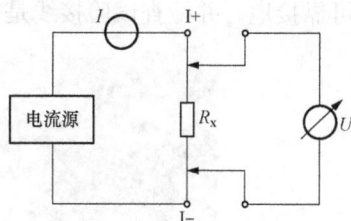

图 4-17　断路器回路电阻试验原理

R_x—被测断路器导电回路电阻；

I—施加的试验电流；

U—断路器导电回路上的压降

2）测量标准及要求。SF_6断路器回路电阻采用直流压降法进行测量（电流不小于 100A），根据产品技术文件进行分段测试，测量范围应包括主母线、分支母线和出线套管。回路电阻不得超过交接试验值的 110％，且不超过产品技术文件规定值，同时应进行相间比较，且不应有明显的差别。

（2）真空断路器。

1）基准周期。

a. 110（66）kV 及以上：3 年。

b. 35kV 及以下：4 年。

c. 必要时。

2）测量标准及要求。真空断路器的回路电阻采用直流压降法进行测量（电流不小于 100A），回路电阻不得大于 1.1 倍出厂试验值，且应符合产品技术文件规定值，同时应进行相间比较，且不应有明显的差别。

3. 断路器回路电阻测量接线方法

测试真空断路器主导电回路的回路电阻应使用回路电阻测试仪，测试电流要求不小于 100A，应在设备合闸状态且可靠导通的情况下，测量每相的回路电阻。测量时将电流线（较粗的线）夹到对应的 I＋、I－接线柱，电压线接到 V＋、V－接线柱，两把夹钳夹在断路器各相两个触头上，若电压线和电流线是分开接线的，则电压线应夹在触头内侧，电流线应夹在电压线外侧，电流线的导线截面积应足够大。真空断路器主回路电阻测量接线如图 4-18 所示。

4. 测试注意事项

（1）测试前确认断路器处于试验位置且二次插头已取下。

（2）对被试设备进行充分放电。

（3）检查确认被试断路器处于合闸状态。

（4）试验前清除被试设备接线端子接触面的污渍及金属氧化层，将测试仪器可靠接地，并检查试验接线是否正确、牢固。

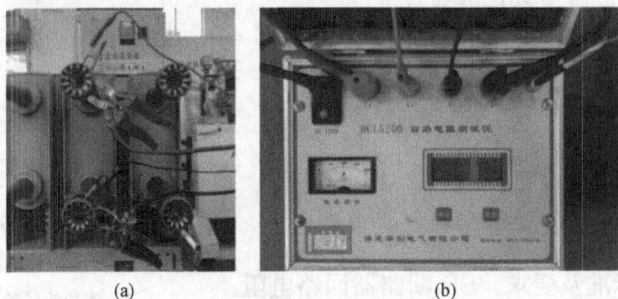

图 4-18　真空断路器主回路电阻测量接线
(a) 断路器接线；(b) 测试仪接线

5. 操作

参考附录 C　AI-6310LC/LD 回路电阻测试仪操作手册进行操作。

（二）断路器机械特性试验

断路器机械特性主要为分/合闸时间、分/合闸速度和分/合闸同期性，其是决定断路器工作性能的重要特性参数。断路器分/合闸时间的长短关系到分/合故障电流的性能；断路器分/合闸严重不同期，将导致变压器或线路的非全相接入或切断，从而产生危害绝缘的过电压；断路器的分/合闸速度，直接影响断路器的开断和关合性能。

1. 基准周期

（1）110（66）kV 及以上：3 年。

（2）35kV 及以下：4 年。

（3）必要时。

2. 测试标准及要求

（1）分合闸线圈电阻检测结果应符合设备技术文件要求，没有明确要求时，以不超过±5%的线圈电阻初值差作为判据。

（2）SF$_6$断路器和 GIS 开关设备的分/合闸时间、分/合闸速度、三相不同期性、行程曲线等机械特性应符合产品技术文件要求；真空断路器的分/合闸时间、分/合闸同期性、合闸弹跳时间、触头开距应符合产品技术文件要求，有条件时测行程特性曲线，其应符合产品技术文件要求。除制造厂另有规定外，断路器的分/合闸同期性应满足以下要求：

1）相间合闸不同期：≤5ms。

2）相间分闸不同期：≤53ms。

3）同相各断口间合闸不同期：≤53ms。

4）同相各断口间分闸不同期：≤52ms。

3. 测试方法

（1）GIS断路器机械特性测试方法。因GIS结构的特殊性，一次电气设备与连接导线均在GIS内部，无法将测试仪器直接夹在断路器两端的导线上来进行断路器的机械特性试验；对于GIS断路器的时间、速度等电气试验，需要利用断路器两端的接地开关。

针对检修现场，线路断路器的许可状态为检修状态，即断路器分闸、断路器两侧接地开关合闸（分别为断路器母线侧接地开关和断路器线路侧接地开关）。GIS断路器内部结构、GIS断路器机械特性测量接线如图4-19、图4-20所示，对于断路器的机械特性试验，在保证电气试验安全的前提下，需要断开断路器两端接地开关中的一端，以安全为前提，一般断开断路器线路侧的接地开关，如图4-19所示断开GIS断路器两端的接地连接铜片A，然后根据图4-20的接线将断路器测试仪器的接线接好，并安装好速度传感器，最后测量断路器测量时间、速度。

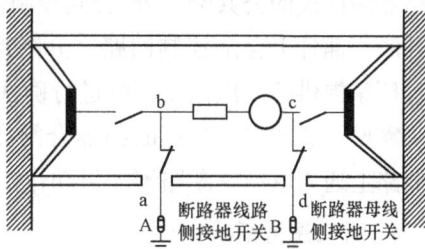

图4-19 GIS断路器内部结构图

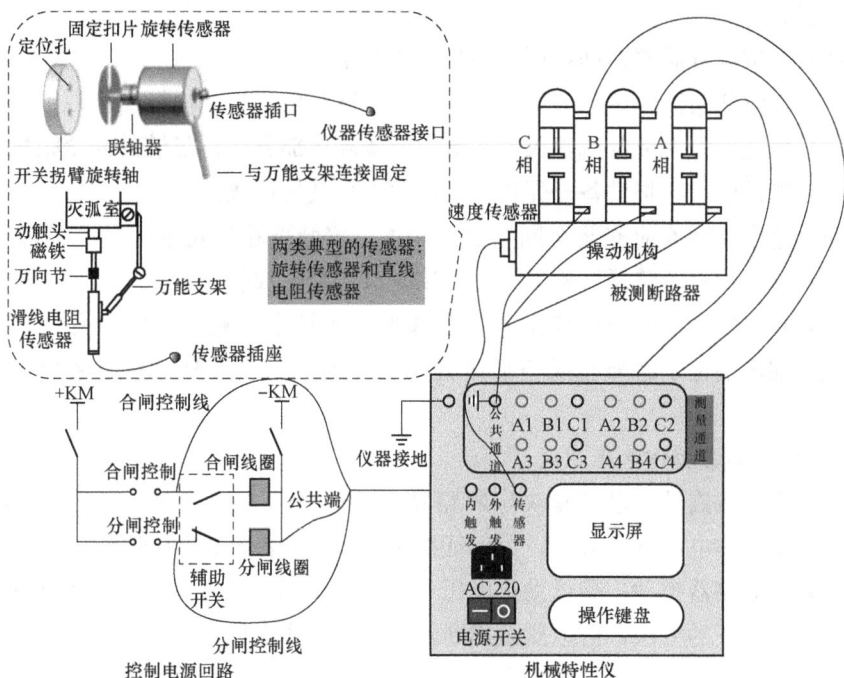

图4-20 GIS断路器机械特性测量接线

（2）真空断路器机械特性测试方法。测试真空断路器分/合闸时间、同期性试验和速度试验使用断路器特性测试仪，测试前先将仪器可靠接地，然后将断路器一侧三相短路接地，最后进行其他接线，以防感应电损坏测试仪器。

在进行速度传感器安装时，因速度传感器需要安装至断路器机构上，因此，在打开断路器机构面板前，为防止机构动作对测试人员造成机械伤害，要将断路器机构能量完全释放，然后再进行安装，具体安装位置要根据断路器的结构来决定，根据结构选择直线传感器或者曲线传感器测试时，将分/合闸时间测试线在开关设备端通过夹子按照相别分别固定到断路器三相触头上，另一端接至断路器测试仪对应时间测试端口，速度测试线一端接至速度传感器对应位置，另一端接至断路器测试仪对应速度测试端口。断路器另一端短接接地或者接至断路器测试仪的公共端，分/合闸控制输出端接至航空插座上对应插针控制断路器开断。插针上合闸控制回路、分闸控制回路、储能回路、闭锁回路的端子需通过厂家提供的二次回路图纸进行确认。

需要注意的是，进行断路器合闸测试时弹簧要处于储能状态，且需要在闭锁回路上通入电压，断路器才可动作。

4. 测试注意事项

（1）在断路器为分闸状态时测量合闸线圈的电阻，合闸状态时测量分闸线圈的电阻。

（2）测试设置需要根据各厂家参数设置开距及行程。

（3）真空断路器测试前确认断路器已处于试验位置且二次插头已取下。

（4）保证试验人员及试验仪器与电力设备高压部分保持足够的安全距离。

（5）测试前，应将设备外壳可靠接地后进行其他接线。

（6）速度传感器应安装至断路器机构上，安装要稳固可靠，防止断路器动作时传感器松脱对断路器机构甚至是测试人员人身造成伤害。

（7）真空断路器航空插座上各端子邻近距离较小，测试过程中需采取防止控制电源加压端夹子触碰至航空插座其他端子的措施，必要时利用绝缘胶布对其进行绝缘包扎。

（三）断路器动作电压测试

分、合闸线圈动作电压是决定断路器正常运行的重要数据。为防止断路器误动，最低动作电压不能太小；为保证控制电源电压波动时断路器能可靠地分/合闸，防止断路器拒动，最低动作电压不能太高。通过在断路器分/合闸回路两端施加试验电压的方法，可以测试出断路器最低动作电压。

1. 测试基准周期

（1）110（66）kV及以上：3年。

（2）35kV 及以下：4 年。

（3）必要时。

2. 测试标准及要求

并联合闸脱扣器在合闸装置额定电源电压的 85%～110%、交流时在合闸装置的额定电源频率下应该正确地动作。当电源电压不超过额定电源电压的 30% 时，并联合闸脱扣器不应脱扣；并联分闸脱扣器在分闸装置额定电源电压的 85%～110%（交流）或 65%～110%（直流）、交流时在分闸装置的额定电源频率下，在开关装置所有的直到其额定短路开断电流的操作条件下，均应可靠动作。当电源电压不超过额定电源电压的 30% 时，并联分闸脱扣器不应脱扣。

3. 试验原理

在分/合闸回路两端施加一个幅值为 30% 额定操作电压，之后开始均匀升压，使分/合闸线圈通电，直到所升电压带动分/合闸脱扣器动作，使断路器分/合闸机构动作。分、合闸机构动作时所加的最低试验电压，为断路器最低动作电压，低压动作特性如图 4-21 所示。

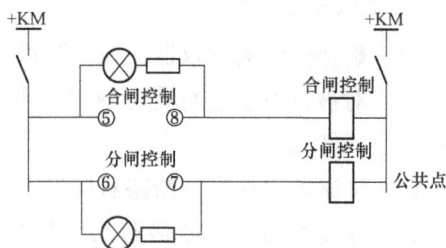

图 4-21 低压动作特性

⑥、⑦—分闸回路公共点；⑤、⑧—合闸回路公共点

4. 测试接线方法

（1）GIS 断路器动作电压测试。布置仪器和试验接线，断路器低电压动作特性试验接线如图 4-22 所示。断路器低电压动作电压的初始值为断路器额定操作电压的 30%，即断路器铭牌上的操作电压为 110V 时，起始电压为 33V，确保在 30%U_N 以下断路器不动作。以额定操作电压为 110V 为例，令 30% 额定操作电压试验 3 次，确保断路器可靠不动作；之后再依次按相同的电压增幅增加电压，每调节到某个电压值时均需进行试验，直到断路器动作，试验完成后及时记录试验数据（合/分闸低电压动作电压值），并将试验结果与规程和历史数据进行比较分析，从而判断断路器是否正常。

（2）真空断路器动作电压测试。测试真空断路器分/合闸动作电压使用断路器特性测试仪，测试前先将仪器可靠接地，将仪器分/合闸控制电源输出端接至航空插头上对应插针控制断路器开断。插针上对应端子需通过厂家提供的二次回路图纸进行确认。

需要注意的是，进行断路器合闸测试时弹簧要处于储能状态，且需要在闭锁回路上通入电压，断路器才可动作。

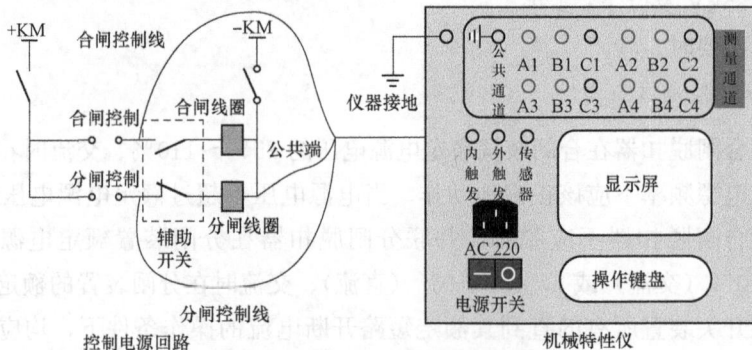

图 4-22　断路器低电压动作特性试验接线

5. 测试注意事项

（1）确保先将测试仪器接地，注意先接接地端，再接仪器端。

（2）对被试设备进行充分放电，重点关注断路器控制电压、储能电压及闭锁回路电压情况。

（3）测试前确认真空断路器处于试验位置且二次插头已取下。

（4）注意查阅真空断路器二次图纸，明确分、合闸回路、储能回路和闭锁回路在航空插座上所对应的端子号，在每次测试前均需用万用表对分/合闸回路进行测试以确认回路是否导通。

6. 操作

参考附录 D　DB-8025C X169-B 断路器特性分析仪操作手册进行操作。

（四）断路器绝缘电阻试验

断路器绝缘电阻包括断路器本体绝缘电阻、断口绝缘电阻和辅助控制回路绝缘电阻，试验目的主要是检查断路器各部分绝缘件是否存在整体受潮、脏污、严重老化等分布性缺陷和贯通性的集中性缺陷。

1. 测试基准周期

（1）110（66）kV 及以上：3 年。

（2）35kV 及以下：4 年。

（3）必要时。

2. 测试标准及要求

（1）GIS 主回路绝缘电阻用 2500V 绝缘电阻表测量，测量结果无明显下降或符合设备技术文件要求（注意值）。

（2）真空断路器绝缘电阻采用 2500V 绝缘电阻表测量，分别在分、合闸状态下进行。要求绝缘电阻值大于 3000MΩ，且没有显著下降。测量时，注意外绝缘表面泄漏的影响。

3. 测试接线方法

（1）SF$_6$断路器和GIS主回路绝缘电阻试验。测量分闸状态断路器绝缘电阻时，首先将绝缘电阻表的接地端"＋"端接地，接线端"－"端接于被试断路器下部引线端口；将断路器上部引线端口接地。测量合闸状态断路器的绝缘电阻时，首先将绝缘电阻表的接地端"＋"端接地，接线端"－"端接于被试断路器一端引线端口，将断路器另一端悬空。

（2）真空断路器绝缘电阻测量。

1）测试真空断路器断口间绝缘电阻时，使断路器处于分闸状态，将三相上触头或者下触头短接接地，绝缘电阻表的接线端子L分别接于断路器A、B、C三相另一侧触头上，接地端子E接于被试断路器的外壳或接地点上。

2）测试真空断路器整体对地的绝缘电阻时，与测试端口间绝缘电阻类似，使断路器处于合闸状态，断路器本体可靠接地，将三相短接，绝缘电阻表的接线端子L接于断路器A、B、C三相触头上，接地端子E接于被试断路器的外壳或接地点上。

3）测试真空断路器相间绝缘电阻时，将断路器合闸，且断路器本体可靠接地，绝缘电阻表的接线端子L接于断路器测试相的触头上，另两相短接接地，接地端子E接于被试断路器的外壳或接地点上。

4. 测试注意事项

（1）测量电压挡位选取2500V，应待绝缘电阻表到达额定输出电压且读数稳定或加压至60s时读取绝缘电阻值。

（2）测量结束后，被试断路器应对地进行充分放电。

（3）测量断路器分、合闸线圈的绝缘电阻，测量电压挡位应选择500V。

（4）测试完毕后将断路器恢复到交接状态。

第三节　断路器诊断性试验

当通过在线监测、巡检、例行试验等发现设备处于不良状态，或受家族缺陷警示或经历严重不良状况后，为进一步评估设备状况而进行的试验称为诊断性试验。

一、诊断性带电检测

（一）气体密封性检测

SF$_6$断路器和GIS中SF$_6$气体泄漏是其致命缺陷，所以其密封性是考核产品质量的关键性指标之一，它对保证 SF_6 断路器和 GIS 的安全运行和人身安全具有重要意义。

图 4-23　定性检漏仪

根据标准，SF_6 气体泄漏不得大于 0.5%/年。现场检测气密性的部位主要是气室的接头、表计、阀门、法兰面接口等。检漏可分为定性检漏和定量检漏，分别采用定性检漏仪和定量检漏仪。

1. 定性检漏

定性检漏是判断设备是否漏气及确定设备漏点的一种方法，通常作为定量检漏前的预检。定性检漏仪如图 4-23 所示。检漏过程中，检漏仪探头沿着设备各连接口表面移动，根据仪器报警信号或其读数来判断接口的气体泄漏情况。探头移动速度一般为 10mm/s，并防止接口油脂、灰尘及大气环境的影响。

2. 定量检漏

定量检漏可以检测到泄漏处的泄漏量，从而计算出气室的漏气率。定量检漏的方法主要有挂瓶捡漏法和整机扣罩法。

（二）SF_6 气体成分分析

与绝缘油色谱分析一样，对 SF_6 气体装置中的 SF_6 气体和固体绝缘在故障时产生的分解物成分、数量进行分析，可以判断故障性质和严重程度。

1. SF_6 气体成分检测标准

根据检测标准相关规程规定，在运行中时，SF_6 气体分解物中：$SO_2 \leqslant 3\mu L/L$、$H_2S \leqslant 2\mu L/L$、$CO \leqslant 100\mu L/L$。

2. SF_6 气体成分检测方法

SF_6 气体分解物有两种检测方法，一种是现场采用化学剂试管检测法，另一种是采用专门检测仪器。

（1）化学剂试管检测法。在试管内部装有敏感的指示剂，其与 SO_2、HF（SF_6 气体分解物）相互作用后立即改变颜色，由颜色的改变判断产生的气体成分。另外，试管还可以检测出 SO_2、SOF_2，从而判断 GIS 装置内部闪络故障是在气体间隙产生还是在绝缘子附近产生，因为绝缘子附近有闪络时 SO_2 浓度大。

（2）专门检测仪器。目前采用的专门检测仪器是加拿大生产的 DPD SF_6 气体分解物测试仪，该仪器可以分析 SOF_2、SO_2、CO、Mg 和杂质等。如对一台 GIS（750kV）装置跳闸后，对各气室气体成分和数量测量，其中一个气室测出 SO 含量为 $18.4\mu L/L$、HF 含量为 $5.29\mu L/L$、CO 含量为 $7\mu L/L$，其他气室气体含量正常，确定该气室为故障部位，后经解体检查证实上述判断正确。另外一种专门检测仪是气相色谱便携仪，利用色谱原理对混合气体中不同组分检测。如果现场定期开展对 SF_6 气体的电力设备检测工作，同绝缘油定期色谱分析一样，可以判断设备是否存在潜伏性故障。

（三）局部放电带电检测

在对 GIS 进行诊断性试验时，需要进行局部放电带电检测，检测方法为超声波检测和特高频检测，试验方法同例行停电试验。

二、诊断性停电试验

（一）断路器主回路绝缘电阻测量

在对 GIS 进行诊断性试验时，需要进行主回路对地绝缘电阻测量，试验方法同例行停电试验。

（二）断路器回路电阻测量

在对 GIS 进行诊断性试验时，需要进行主回路电阻测量，试验原理同例行停电试验。

GIS 开关设备主回路电阻用直流压降法进行测量（电流不小于 100A），回路电阻不得超过 110％的出厂试验值，且不超过产品技术文件规定值，同时应进行相间比较，结果不应有明显的差别。

1. 测试接线方法

（1）若 GIS 有进出线套管，则可直接利用进出线套管注入测量电流分别测量 A、B、C 三相的回路电阻，主回路电阻 $R=U/I$，其中 U、I 分别为测量时的电压、电流。

（2）若 GIS 接地开关导电杆与外壳之间绝缘时，引到金属外壳的外部以后再接地，测量时可将接地连接铜片 A、B 断开，利用回路上的两组接地开关导电杆关合到测量回路上进行测量，GIS 断路器回路电阻测量接线示意图如图 4-24 所示。

测量 abcd 环路上的回路电阻 R（A、B、C 相），可得 $R=U/I$，其中 I 为测试时的电流，一般为 100A，U 为测试时电压，根据所测回路电阻的阻值，回路电阻测试仪器自动换算出电压，之后仪器自行显示出回路电阻。

（3）若接地开关导电杆与外壳不能绝缘分隔时，采用如图 4-25 所示接线电路。

根据图 4-25 所示的测量接线可知，测量回路电阻时可分为两步（以测量 A 相断路器的回路电阻值为例）：

1）将接地开关 Q1、Q2 断开，测量外壳 ad 之间的电阻 R_1。

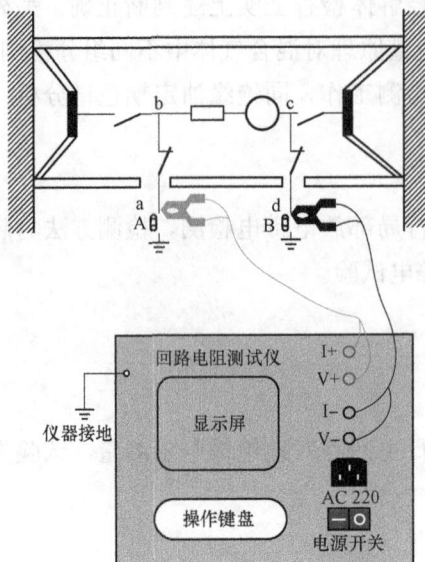

图 4 - 24　GIS 断路器回路电阻测量接线　　图 4 - 25　GIS 断路器回路电阻测量接线
　　示意图（导电杆与外壳之间绝缘）　　　　示意图（导电杆与外壳之间非绝缘）

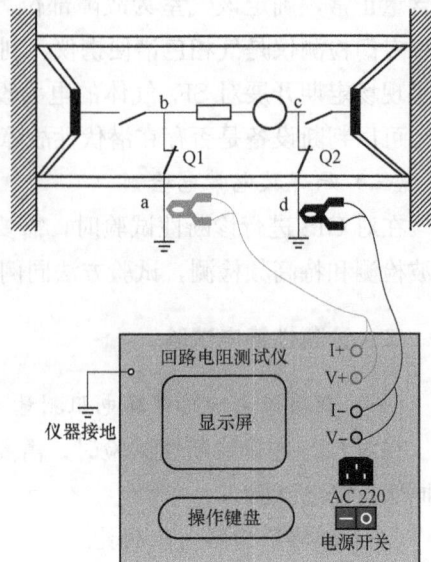

2）合上断路器两侧的接地开关 Q1、Q2，利用回路电阻测试仪测量环路 abcd 上的电阻 R_2，而此时测量得到的 R_2 是断路器主回路电阻 R_A 和外壳电阻 R_1 并联后的总电阻，可先测量外壳的直流电阻 R_1 和导体与外壳间的并联电阻 R_2。

通过上面两步测量得到了 R_1 和 R_2，根据电阻并联公式可得

$$R_2 = \frac{R_A R_1}{R_A + R_1} \tag{4-1}$$

则主回路电阻 R_A 为

$$R_A = \frac{R_1 R_2}{R_1 - R_2} \tag{4-2}$$

用相同的测试方法测量断路器 B、C 两相的回路电阻。

2. 测试注意事项

（1）测试前后应对被试设备进行充分放电。

（2）检查确认被试设备处于导通状态。

（3）接线前清除被试设备接线端子接触面的油漆及金属氧化层，检查测试接线是否正确、牢固。

（4）测试结束后将被试设备恢复到测试前状态。

（5）在 GIS 内断路器回路电阻的测量过程中，有可能需要断开接地开关或

断开接地连接铜片，试验人员在操作时要在保证无感应电的危险下才可以进行试验。

3. 操作

参考附录 C AI-6310LC/LD回路电阻测试仪操作手册进行操作。

（三）断路器交流耐压试验

断路器交流耐压试验是指在断路器本体绝缘和断口绝缘上分别施加远大于正常运行电压的高电压，并持续一定时间，考查断路器本体和断口绝缘性能的一种高压试验项目。

1. 真空断路器工频耐压试验

真空断路器采用工频交流耐压试验，应在绝缘电阻测量合格后进行。试验时，一般从试验变压器低压侧测量并换算至高压侧。交流耐压试验前后绝缘电阻差不超过 30% 为合格，试验时如果出现沉重击穿声或冒烟则为不合格。

工频交流耐压试验原理：由工频交流电源供电，通过控制器向调压器供电，调压器改变输出电压的幅值，经试验变压器将低电压变换成高电压，向断路器施加一定的电压，并持续 1min，观察绝缘是否击穿或出现其他异常情况。工频交流耐压试验原理如图 4-26 所示。

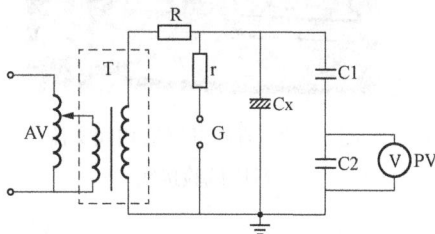

图 4-26 工频交流耐压试验原理

AV—调压器；T—试验变压器；R—限流电阻；r—球隙保护电阻；G—球间隙；Cx—被试电容；C1、C2—电容分压器高、低压臂；PV—电压表

2. 真空断路器工频交流耐压试验

真空断路器的主回路交流耐压试验主要包括断路器各相整体对地、各相断口间和各相相间交流耐压试验。

（1）整体交流耐压试验。对断路器整体进行交流耐压试验时，使断路器处于合闸状态，断路器本体可靠接地，将断路器一端触头三相短接后接至试验变压器的高压端，目的是考验绝缘支柱瓷套管的绝缘，真空断路器整体交流耐压试验接线如图 4-27 所示。

（2）相间交流耐压试验。对断路器相间进行交流耐压试验时，使断路器处于合闸状态，断路器本体可靠接地，将断路器测试相的触头接至试验变压器的高压端，另两相短接接地，

图 4-27 真空断路器整体交流耐压试验接线

真空断路器相间交流耐压试验接线如图 4-28 所示。

（3）断口间交流耐压试验。对断路器断口间进行交流耐压试验时，使断路器处于分闸状态，断路器本体可靠接地，将三相上触头或者下触头短接接地，另一侧三相触头短接后接至试验变压器的高压端，目的是考验断路器断口、灭弧室的绝缘，真空断路器断口间交流耐压试验接线如图 4-29 所示。

图 4-28　真空断路器相间交流
耐压试验接线

图 4-29　真空断路器断口间交流
耐压试验接线

3. SF_6 断路器和 GIS 交流耐压试验

SF_6 断路器和 GIS 采用变频串联谐振耐压方法，且应满足：①试验在 SF_6 气体额定压力下进行；②对 GIS 进行耐压试验时应将其中的电磁式电压互感器及避雷器断开；③交流耐压试验时应同时监视局部放电；④仅进行合闸对地状态下的耐压试验。

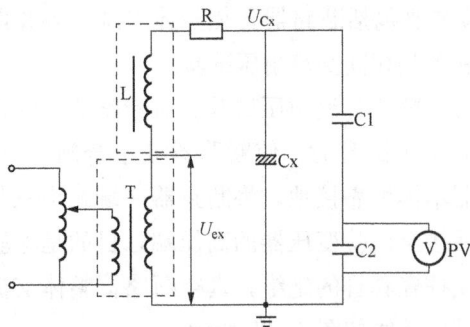

图 4-30　串联谐振耐压试验原理
T—励磁变压器；L—电感；R—限流电阻；
Cx—被试电容；C1、C2—电容分压器高、
低压臂；PV—电压表；U_{ex}—励磁电压；
U_{Cx}—被试品上的电压

（1）试验原理。变频串联谐振耐压试验是在谐振电路中，通过励磁变压器给电路施加电压 U，调节电源频率，使回路中的感抗等于容抗（$L=1/C$），从而达到谐振条件。此时回路中的无功功率等于零，电流达到最大。在电容或者电感两端产生很高的电压，用于对被试品进行交流耐压。串联谐振耐压试验原理如图 4-30 所示。

当回路中产生串联谐振时，被

试品上的电压 $U_{Cx}=QU_{ex}$，其中 $Q=\omega L/R=1/\omega CR$，Q 称为品质因数。

（2）SF_6 断路器和 GIS 交流耐压试验。GIS 交流耐压试验的第一阶段为老练试验，其目的是将 GIS 内部可能存在的导电颗粒或非导电颗粒去掉，GIS 试验现场接线布置示意图如图 4-31 所示。第二阶段是耐压试验，即在老练试验结束后进行耐压试验，时间持续 1min。

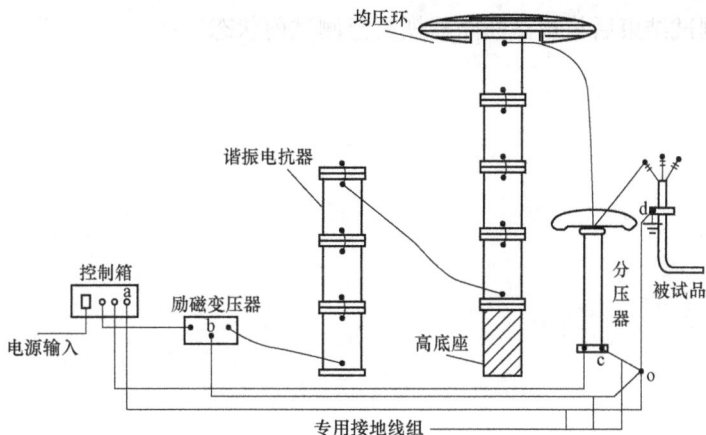

图 4-31　GIS 试验现场接线布置示意图

GIS 交流耐压试验加压方案如图 4-32 所示。其中老练过程：先施加电压 $U_m/\sqrt{3}$（U_m 为设备最高系统电压），施加时间 t_1 为 5min，再施加电压 U_m，施加时间 t_2 为 3min。现场耐压 U_f（U_f 为出厂值试验电压），施加时间 t_3 为 1min，通过后电压降到 $1.2U_m/\sqrt{3}$，此时进行 GIS 局部放电测量，施加时间 t_4 由局部放电测量时间决定，首先测量背景情况下的超声波形，录下背景超声强度图，然后测量所有气室超声强度，通过与背景超声波强度图比较，判断 GIS 内部是否存在局部放电，测量结束后再将试验电压降到零，结束试验。

其中，110kV GIS 断路器断口和相间耐压为 230kV；220kV GIS 断路器断口和相间耐压为 460kV；500kV GIS 断路器相间耐压为 710kV；1000kV GIS 断路器相间耐压为 1100kV（500kV 和 1000kV GIS 断路器断口耐压试验为型式试验）。GIS 大修后耐压试验电压为出

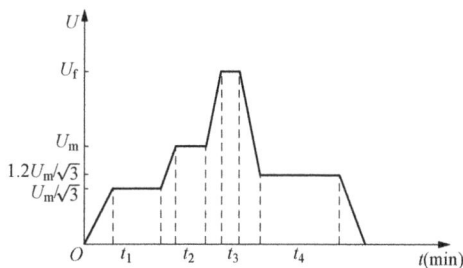

图 4-32　GIS 交流耐压试验加压方案

厂试验电压的 80%，即 110kV 设备耐压为 184kV，220kV 设备耐压为 368kV。

4. 测试注意事项

（1）测试前后对被试设备进行充分放电。

（2）测试前确认真空断路器处于试验位置且二次插头已取下。

（3）由于该试验需施加高压，试验前应将试验区域设置封闭的安全围栏并做好监护。

（4）测试结束后将被试断路器恢复至测试前状态。

第五章 隔离开关与接地开关试验

第一节 隔离开关结构及原理

一、隔离开关定义

根据 GB/T 2900.20《电工术语 高压开关设备和控制设备》的规定，隔离开关定义如下：在分位置时，触头间有符合规定要求的绝缘距离和明显的断开标志；在合位置时，能承载正常回路条件下的电流及在规定时间内异常条件（例如短路）下的电流的开关装置（当回路电流很小或者当隔离开关每极的两接线端间的电压在关合和开断前后无显著变化时，隔离开关具有关合和开断回路的能力）。

依据定义，可得到隔离开关在电力系统中有以下几方面作用：

（1）隔离电源。在电气设备检修时，用隔离开关将需要检修的电气设备与带电设备隔离，形成明显可见的断口且具备足够的绝缘强度，以保证工作人员和设备的安全。

（2）承载电流。隔离开关在合闸状态下，能长时间承载正常回路条件下的电流，也能承载在规定时间内异常条件（例如短路）下的电流。

（3）倒闸操作。在双母线接线形式的电气主接线中，利用与母线相连接的隔离开关将电气设备或供电线路从一组母线切换到另一组母线上去。

（4）拉、合无电流或微小电流的电路。

二、隔离开关分类

隔离开关按装设地点可分为户内式和户外式，按极数可分为单极和三极，按绝缘支柱数目可分为单柱式、双柱式、三柱式，按隔离开关的动作方式可分为闸刀式、旋转式、插入式等。

常见的主要有双柱水平旋转式（GW4）、双柱 V 形水平旋转式（GW5）、单柱双臂垂直伸缩式（GW6）、三柱水平旋转式（GW7）、单柱单臂垂直伸缩式（GW16、GW35）、双柱水平伸缩式（GW17、GW36）等。

三、隔离开关结构组成

下面以较为常用的 GW4 型隔离开关为例介绍其主要结构，GW4 型隔离开关如图 5-1 所示。隔离开关基本结构主要包含支持底座、绝缘子、导电部分、传动机构、操动机构 5 部分。

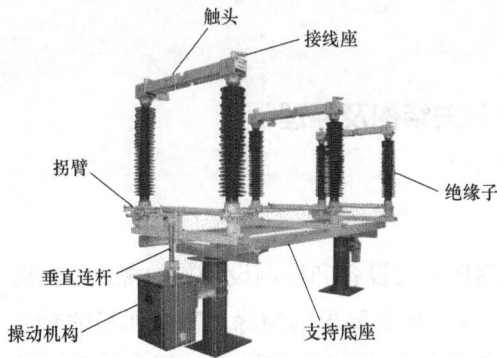

图 5-1　GW4 型隔离开关

（1）支持底座。该部分的作用是起支持和固定作用，其将导电部分、绝缘子、传动机构、操动机构等固定为一体，并使其固定在基础上。

（2）导电部分。包括触头、闸刀、接线座，该部分的作用是传导电路中的电流。

（3）绝缘子。主要起支持作用，将带电部分和接地部分绝缘开来。

（4）传动机构。该部分的作用是接受操动机构的力矩，并通过拐臂、连杆、轴齿或是操作绝缘子，将运动传动给触头，以完成隔离开关的分、合闸动作。

（5）操动机构。与断路器操动机构一样，通过手动、电动等方式向隔离开关的动作提供能源。

四、隔离开关的型号参数

依据 JB/T 8754《高压开关设备和控制设备型号编制方法》，隔离开关的产品型号及参数按照图 5-2 字母排列顺序进行标示。

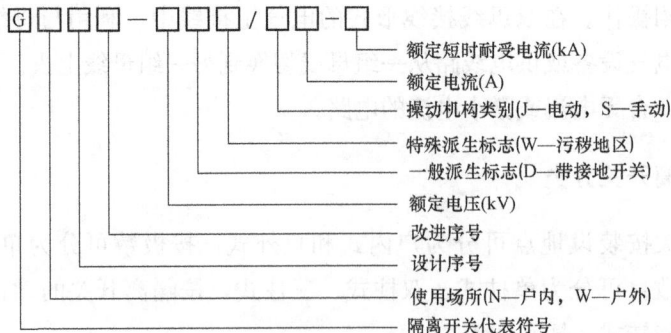

图 5-2　隔离开关的产品型号及参数

第二节　隔离开关与接地开关例行试验

目前电力系统广泛采用红外成像技术检测电力设备热故障，为电力设备状态检修提供有力的技术支撑。现场红外成像技术分为一般检测和精确检测两种操作方法，电力系统可以采用红外热像精确检测对隔离开关与接地开关进行故障精确判断。

1. 检测周期

（1）500kV 及以上：1 月。

（2）220～330kV：3 月。

（3）110（66）kV：半年。

（4）35kV 及以下：1 年。

2. 检测要求

红外测温判据要求红外热像图显示无异常温升、温差和相对温差，且应符合 DL/T 664《带电设备红外诊断应用规范》的要求。

3. 精确检测操作方法

检测温升所用的环境温度参照体应尽可能选择与被测设备类似的物体，且最好能在同一方向或同一视场中选择。

在安全距离允许条件下，红外成像仪宜尽量靠近被测设备，使被测设备（或目标）尽量充满整个仪器的视场，以提高仪器对被测设备表面细节的分辨能力及测温准确度，必要时，可使用中、长焦距离镜头。当检测线路温度时一般需使用中、长焦镜头。为了准确测温或方便跟踪，应事先设定几个不同方向和角度，确定最佳检测位置，并且做上标记，以供今后复测用，可提高互比性和工作效率。

正确选择被测设备的辐射率，特别要考虑金属材料表面氧化对选取辐射率的影响。将大气温度、相对湿度、测量距离等补偿参数输入，进行必要修正，并选择适当的测温范围。检测时应记录设备实际负荷电流、额定电流、运行电压、被检物体温度及环境参照体温度。

4. 注意事项

（1）被测设备是带电运行设备，应尽量避开视线中的遮挡物，如门窗和盖板等。

（2）环境温度一般不低于 5℃，相对湿度不大于 85％，天气以阴天、多云为宜，夜间最佳。

（3）检测时风速不大于 5m/s，并不应在雷、雨、雾、雪等气象条件下进行。

（4）户外晴天检测应避开阳光直射或反射进入仪器镜头，在室内或晚上检测应避开灯光直射，闭灯检测。

（5）检测电流致热型设备，应在电流最大下进行。如果不是最大电流，一般不应低于额定电流的 30%，并考虑小电流对检测结果的影响。

第三节　隔离开关与接地开关诊断性试验

一、主回路电阻测量

隔离开关的回路电阻测试工作，主要是测量动静触头的接触电阻，用以判断金属触头接触是否良好，避免出现因氧化或磨损导致接触电阻过大，进而导致接触点发热，甚至导致自燃发生。

1. 检测周期

根据规程要求，当下列情形时，需要测量主回路电阻：

（1）红外热像检测发现异常。

（2）上次测量结果明显偏大或呈明显增长趋势，且又有 2 年未进行测量。

（3）自上次测量之后又进行了 100 次以上的分合闸操作。

（4）对核心部件或主体进行解体性检修之后。

2. 检测要求

不大于制造商规定值或注意值（常见为出厂试验值 1.1 倍）。

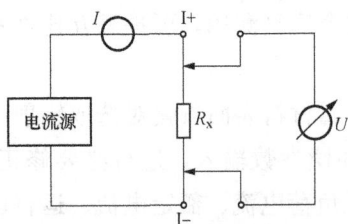

图 5-3　电压电流法试验原理
R_x—被测断路器导电回路电阻，
$R_x = U/I$；I—所施加的试验电流；
U—断路器导电回路上的压降

3. 操作方法

采用电压电流法测量主回路电阻时一般采用四线法，以排除引线和接触电阻的干扰，测量原理基于欧姆定理。在进行测量时，将隔离开关处于合闸状态，在被测回路上施加直流电流，采集被测回路的电流和电压，则电压与电流的比值即为被测回路的回路电阻，电压电流法试验原理如图 5-3 所示。

4. 注意事项

（1）应将电压线夹夹在电流线夹内侧。

（2）测量时，被测品接触端应保证无锈迹或污秽物，钳夹应与接触端充分接触磨合，以免影响测量数据的准确性。

（3）回路电阻测试仪如果按正确接线方法使用，而测量电流达不到100A或者为零，应检查线夹是否夹紧，或者所接回路是否接通。

5. 操作

参考附录C　AI-6310LC/LD回路电阻测试仪操作手册进行操作。

二、交流耐压试验

隔离开关交流耐压试验是指在隔离开关本体绝缘和断口绝缘上分别施加远大于正常运行电压的高电压，并持续一定时间，考查隔离开关本体和断口绝缘性能的一种高压试验项目。

1. 检测周期

在必要时进行。

2. 检测要求

试验电压按DL/T 593《高压开关设备和控制设备标准的共用技术要求》的规定设置。在外施耐压试验时，如果未发现内部绝缘击空或局部损伤，则试验合格。

3. 操作方法

（1）串联谐振交流耐压试验原理。变频串联谐振耐压试验方法：在谐振电路中，通过励磁变压器给电路施加电压U，通过调节电源频率，使回路中的感抗等于容抗（$L=1/\omega C$），从而达到谐振条件。此时回路中的无功功率等于零，电流达到最大。在电容或者电感两端产生很高的电压，用于对被试品进行交流耐压。串联谐振耐压试验原理如图5-4所示。

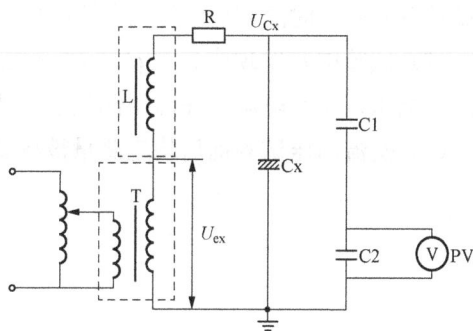

当回路中产生串联谐振时，被试品上的电压$U_{Cx}=QU_{ex}$，其中$Q=\omega L/R=1/\omega CR$，Q称为品质因数。

图5-4　串联谐振耐压试验原理
T—励磁变压器；L—电感；R—限流电阻；Cx—被试电容；C1、C2—电容分压器高、低压臂；PV—电压表；U_{ex}—励磁电压；U_{Cx}—被试品上的电压

（2）隔离开关相对地交流耐压试验方法。将隔离开关置于合位置，再将高压输出端接到隔离开关的高压端，隔离开关的低压端接地。通电前，先将调压器逆时针置于零位，然后接通电源并且打开控制箱的电源，缓慢地顺时针调节

输出电压，此时可以观察高压电压表的电压，当高压电压达到目标电压时，停留 1min，如果没有击穿或者短路保护，试验成功。

（3）隔离开关断口间的交流耐压试验。断口间的交流耐压试验是将隔离开关置于分位置，再将输出端接入隔离开关其中一相的上断口，然后将下断口接地即可，该试验用于测量断口之间的交流耐压。

试验方法按照上述所讲的方法测试，可以用同样的方法测量 A、B、C 相。

4. 注意事项

（1）试验前，应了解被测试品的试验电压，同时了解被测试品的其他试验项目及以前的试验结果。若被测试品有缺陷及异常，应在消除后再进行交流耐压试验。

（2）试验现场应围好遮栏或围绳，挂好标示牌，并派专人监护。被测试品应断开与其他设备的连线，并保持足够的安全距离，距离不够时应考虑加设绝缘挡板或采取其他防护措施。

（3）试验前，被测试品表面应擦拭干净，将非被试部分可靠接地。

（4）接好试验接线后，应经检查确认无误后方可开始升压。

（5）加压前，先检查调压器是否在零位。调压器在零位方可升压，升压时应相互呼唱。

（6）升压过程中不仅要监视电压表的变化，还应监视电流表的变化，以及被测试品电流的变化。升压时，要均匀升压，不能太快，升至规定试验电压时，开始计算时间，时间到后缓慢均匀降低电压。不允许不降压就先跳开电源开关。

（7）试验中若发现表针摆动或被测试品有异常声响、冒烟、冒火等，应立即降下电压，拉开电源，在高压侧挂上接地线后，再查明原因。

（8）交流耐压试验前后均应测量被测试品的绝缘电阻。

第六章 电容器试验

电力电容器在电力系统中是用途较广的设备，主要用于电力系统的载波通信及测量、控制、保护，以及提高电力系统的功率因数，减少线路损失、改善电压质量、提高供电能力等。

第一节 电力电容器的结构及原理

一、电容器分类

电力电容器按用途可分为并联电容器、耦合电容器、均压电容器、串联电容器、标准电容器、直流和滤波电容器及脉冲电容器等。并联电容器和耦合电容器外形如图 6-1、图 6-2 所示。

图 6-1 并联电容器外形   图 6-2 耦合电容器外形

二、电力电容器基本结构

电容器通常由两块中间隔以绝缘材料的导电极板组成，其中，用以隔开极板的绝缘材料叫作绝缘介质。电力电容器主要由芯子、外壳和出线结构 3 部分组成。

(1) 芯子由若干个元件、绝缘件和紧固件经过压装并按规定串、并联连接而成。元件由一定厚度及层数的介质(通常是电容器纸和塑料薄膜)和两极板(通常是铝箔)卷绕一定圈数后压扁而成。

(2) 电力电容器外部结构主要由外壳和引出线套管组成。

(3) 电力电容器内部浸渍剂的主要作用是填充固体绝缘介质的空隙,以提高介质的耐电强度,改善局部放电特性和增强散热冷却的能力。电力电容器常用浸渍剂有电容器油(常称矿物油)、硅油、麻油和十二烷基苯等。

三、电容器工作原理

电容器在电场作用下,极板上储存电荷,在极板间的介质中建立了电场,电容器储存了一定量的电荷和电场能量。电容器极板上的电荷量与加在电容器两端的电压成正比,即加在两个极板间的电压越高,两个极板上积储的电荷也越多,电荷量用 q 表示,即

$$q = CU_c \tag{6-1}$$

式中:C 为电容量,F;q 为电荷量,C;U_c 为电容器端电压,V。

电容量 C 用来表征电容器储存电荷的能力,单位为 F,实际应用中通常用 μF、pF。电容器电容量 C 取决于电容器本体几何尺寸(极板面积和极间介质厚度)和介质的介电系数,与外界条件(外加电压的高低)无关。在实际工作中,为满足运行电压或无功容量的要求,常将单台电容器进行串联或并联组成电容器组。

当工作中所需电容量大于单台电容器的电容量时,可使用多台电容器进行并联,并联后的等值总电容为各电容器电容值之和,即

$$C = C_1 + C_2 + C_3 + \cdots + C_n \tag{6-2}$$

当单台电容器电压小于运行电压时,将几台电容器串联后使用,以满足电压要求。串联后的等值总电容的倒数等于各串联电容倒数之和,即

$$1/C = 1/C_1 + 1/C_2 + 1/C_3 + \cdots + 1/C_n \tag{6-3}$$

四、电力电容器型号及含义

电力电容器的分类可以从电容器型号进行区分,型号由字母和数字组合表示,电力电容器型号表示方法如图 6-3 所示。

例如电容器型号为 YY0.4-10-3 表示电容器为并联电容器、矿物油浸、户内式、额定电压为 0.4kV、容量为 10kvar、三相,单相电容器铭牌上还常标有实测电容量。

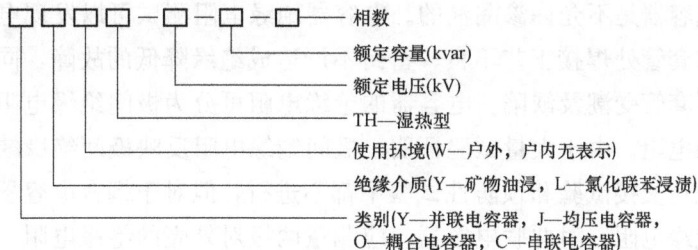

图 6-3　电力电容器型号表示方法

第二节　电容器例行试验

一、例行带电检测

主要为红外热像检测，检测电容器及其所有电气连接部位，红外热像图显示应无异常温升、温差或相对温差。检测和分析方法参考 DL/T 664《带电设备红外诊断应用规范》。

1. 基准周期

（1）耦合电容器。

1）330kV 及以上：1 月。

2）220kV：3 月。

3）110（66）kV：半年。

（2）并联电容器：一年或自定。

2. 测试标准及要求

红外热像检测要求红外热像图显示无异常温升、温差和相对温差，且应符合 DL/T 664《带电设备红外诊断应用规范》的要求，进行红外测温还有以下要求：

（1）红外测温采用红外成像仪测试。

（2）测试应尽量在负荷高峰、夜晚进行。

（3）在大负荷增加检测。

二、例行停电试验

（一）电容器绝缘电阻测试

电容器是全密封设备，如密封不严或不牢固造成渗漏油现象，使空气、水分和杂质有可能进入油箱内部，使绝缘电阻降低，甚至造成绝缘损坏，危害极大，因此电容器是不允许渗漏油的。电容器绝缘电阻测试可以发现电容器由于油箱焊缝和套管处焊接工艺不良、密封不严造成绝缘降低的故障，同时可发现电容器高压套管受潮及缺陷。电容器的绝缘电阻可分为极间绝缘电阻和两极对外壳的绝缘电阻。由于大量试验证明，极间绝缘电阻反映极间绝缘缺陷不够明显，因此现在交接试验和预防性试验中都不进行，但对于耦合电容器，应测量两极间的绝缘电阻。对并联电容器，应测量两极对外壳的绝缘电阻，这主要是检查器身套管等的对地绝缘情况。

1. 基准周期

(1) 耦合电容器：3 年。

(2) 并联电容器：①自定（≤6 年）；②新投运 1 年内。

2. 测试接线方法

(1) 耦合电容器极间绝缘电阻测试。耦合电容器高压端接绝缘电阻表的 L 端，耦合电容器的下法兰和小套管接地，绝缘电阻表的 E 端接地。表面潮湿或脏污时应在靠近耦合电容器高压端 1~2 瓷裙处加装屏蔽环，屏蔽环接于绝缘电阻表的 G 端，耦合电容器极间绝缘电阻测试接线如图 6-4 所示。测试耦合电容器小套管对地绝缘电阻时，耦合电容器的小套管接绝缘电阻表的 L 端，耦合电容器的法兰接地。

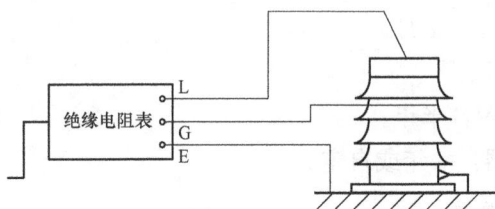

图 6-4　耦合电容器极间绝缘电阻测试接线

(2) 并联电容器双极对地绝缘电阻测试。并联电容器两电极之间用裸铜线短接后接绝缘电阻表的 L 端，外壳可靠接地，绝缘电阻表的 E 端接地，并联电容器双极对地绝缘电阻测试接线如图 6-5 所示。

3. 测试注意事项

(1) 为了克服测试线本身对地电阻的影响，绝缘电阻表的 L 端测试线应尽量使用屏蔽线，芯线与屏蔽层不应短接。在测量时，绝缘电阻表 L 端的测试线应使用绝缘棒与被试电容器连接。

(2) 运行中的电容器，为克服残余电荷影响测试数据，测试前应充分放电。电容器不仅极间放电，极对地也要放电。并联电容器应从电极引出端直接放电，

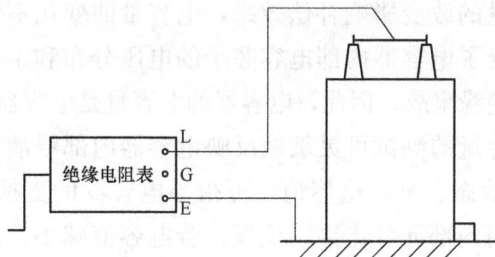

图 6-5　并联电容器双极对地绝缘电阻测试接线

避免通过熔丝放电。

（3）放电时应使用放电棒，放电后再直接通过接地线放电接地。

（4）正确使用绝缘电阻表，注意操作程序，防止反充电。

4. 测试标准及要求

耦合电容器极间极间绝缘电阻大于 5000MΩ，高压并联电容器双极对地绝缘电阻应大于 2000MΩ。

（二）电容器电容量测试

电容量是电力电容器的一个重要参数，通过电容量的变化可以反映电容器内部状况，当电容器内部元件发生击穿、短路或电容器缺油时，其电容量将发生变化。电容量的测量方法一般有电容表法、电流电压表法、双电压表法和电桥法。

1. 基准周期

（1）耦合电容器：3 年。

（2）并联电容器：①自定（≤6 年）；②新投运 1 年内。

2. 测试接线方法

（1）耦合电容器电容量测试。由于耦合电容器两极可以对地绝缘，所以一般采用西林电桥正接线测量其电容量，耦合电容器极间电容量测试采用正接线，正接线桥体处于低压，屏蔽接地，对地寄生电容影响小，测量准确，操作安全方便。测量时耦合电容器或断路器电容器高压电极接高压，低压电极或小套管接电桥 Cx 端，带小套管的耦合电容器法兰接地，耦合电容器电容量测试接线如图 6-6 所示。

（2）并联电容器电容量测试。高

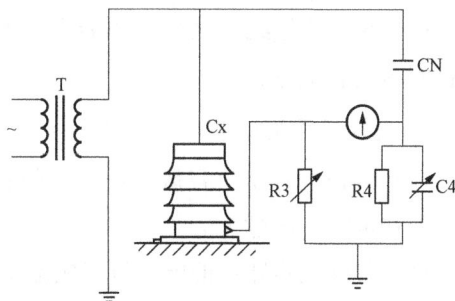

图 6-6　耦合电容器电容量测试接线

压并联电容器电容量的改变影响补偿效果，电容量的变化不仅影响电容器的功能，更重要的是改变了电容器内部电容芯子的电压分布和工作场强，加速了电容器的老化，造成绝缘事故。因此，电容器的电容量是电容器的一个重要指标。

电容器极间电容量的测试可灵敏地反映电容器内部浸渍剂的绝缘状况，以及内部元件的连接状态、分析电容值，可指导电容器的更换或检修工作状况。若电容值升高，说明内部元件击穿或受潮；若电容值减小，说明内部元件开路或缺油等。通过计算、分析电容值，可指导电容器的更换或检修工作。

并联电容器电容量较大时，现场测量常采用电流表法，并联电容器极间电容量测量原理接线如图 6-7 所示，高压并联电容器一般为单相，可采用图 6-7 (a) 的接线方式测试，测试时外壳接地。

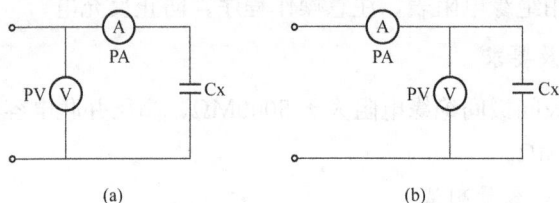

图 6-7　并联电容器极间电容量测量原理接线
(a) $C<10\mu F$；(b) $C>10\mu F$
PV—电压表；PA—电流表；Cx—测试电容

3. 测试注意事项

(1) 运行中的设备停电后应先放电，再将高压引线拆除后测量，否则将引起测量误差。

(2) 应根据被试电容器电容量的大小选择接线方式，注意克服电压表或电流表的影响。

(3) 进行电容器电容量测试时，尽量避免通过熔丝测量。如有内置熔丝，应注意测试电流的大小。

(4) 采用正接线测试耦合电容器和断路器电容器极间电容量时，注意低压电极对地应有绝缘。

4. 测试标准及要求

(1) 耦合电容器电容量与额定值的相对偏差应符合下列要求：耦合电容器电容量初值差不超过±5%。

(2) 并联电容器组的电容量与额定值的相对偏差应符合下列要求：

1) 3Mvar 以下电容器组：-5%～10%。

2) 3～30Mvar 电容器组：0%～10%。

3）30Mvar 以上电容器组：0%～5%。

4）任意两线端的最大电容量与最小电容量比值应不超过 1.05。

当测量结果不满足上述要求时，应逐台测量。单台电容器电容量与额定值的相对偏差应为−5%～10%，且初值差不超过±5%。

5. 操作

参考附录 M　AI-6600C 电容电感测试仪操作手册进行操作。

第三节　电容器诊断性试验

一、诊断性带电检测

诊断耦合电容器是否存在严重局部放电缺陷时进行高频局部放电检测，该检测适用于从电容末端抽取信号，常采用脉冲电流法和超声波法。并联电容器不进行高频局部放电检测。具体测量方法参见 DL/T 417《电力设备局部放电现场测量导则》。

二、诊断性停电试验

对电容器进行两极对外壳的交流耐压试验，能有效地发现油面下降、内部进入潮气、瓷套管损坏和机械损伤等缺陷。两极对外壳交流耐压试验时试验设备容量应不大，试验方法应简便。

（一）测试接线方法

1. 耦合电容器极间交流耐压试验

耦合电容器极间交流耐压试验应在其他试验合格后进行，试验时耦合电容器高压端与试验变压器高压引线相连，耦合电容器的下法兰和小套管接地，耦合电容器极间交流耐压试验原理接线如图 6-8 所示。在小套管耐压试验时，法兰接地，小套管处施加 10kV 电压。

2. 并联电容器极对地交流耐压试验

并联电容器极对地交流耐压试验时，两电极短接后接高压，电容器外壳接地，并联电容器极对地交流耐压试验原理接线如图 6-9 所示。

（二）测试注意事项

（1）耐压试验前首先检查其他试验项目是否合格，合格后才可进行交流耐压试验。

（2）试验前后应对电容器进行充分放电，应从电极引出端直接放电，避免

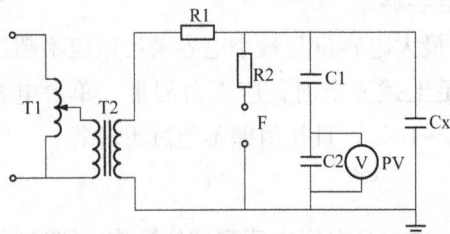

图 6-8 耦合电容器极间交流耐压试验原理接线

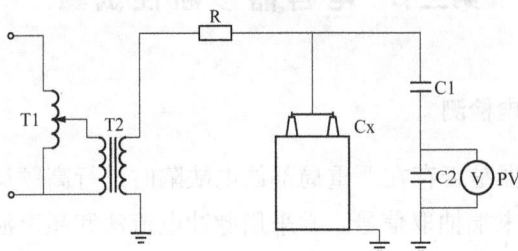

图 6-9 并联电容器极对地交流耐压试验原理接线

通过熔丝放电，以免放电电流熔断熔丝。

（3）注意容升和电压谐振。试验电压应在耦合电容器两端或并联电容器极对地之间测量，耦合电容器因试验电压较高，为防止电压谐振，还应与被试品并接球隙进行保护。

（4）试验回路必须装设过电流保护装置且动作灵敏可靠，动作电流可按试验变压器额定电流的 1.5～2 倍整定。

（5）试验时注意电压波形。为防止电压畸变，应避免移圈式调压器在高端或低端使用。电源电压应采用线电压。为克服电源干扰，可在试验变压器低压侧加滤波装置。

（6）防止冲击合闸及合闸过电压。应从零（或接近于零）开始升压，切不可冲击合闸，必要时在调压器与试验变压器之间加装隔离开关，先合调压器电源开关，再合上隔离开关。试验过程中，如发现试验设备或被试品异常，应停止升压，立即降压、断电，查明原因后再进行下面的工作。

（三）测试标准及要求

耦合电容器交流耐压试验标准为出厂试验电压的 75%，时间为 60s；并联电容器交流耐压试验标准为出厂试验电压的 75%，时间为 10s，试验过程中无异常。

第七章 避雷器试验

第一节 避雷器结构及原理

避雷器是输变电系统的重要保护设备，可在系统中出现危及设备（如发电机、变压器、互感器等）的各种类型过电压时，限制过电压并使之低于一定幅值，保证电力设备安全运行，通常连接于导线和地之间，与被保护设备并联。避雷器有时也称为过电压保护器或过电压限制器。

一、避雷器的基本结构

在电力系统、雷击输电线路中使用的避雷器有角形保护间隙、排气式避雷器、阀型避雷器和氧化锌避雷器等。

（一）角形保护间隙

常用角形保护间隙结构如图 7-1 所示，其由主间隙和辅助间隙串联而成。主间隙的两个电极做成角形，在正常运行时，间隙对地是绝缘的，当承受雷电过电压作用时，间隙击穿，工作线路被接地，从而使得与间隙并联的电气设备得到保护。辅助间隙的设置是为了防止主间隙被外物（如小鸟）短路，以避免整个保护间隙误动作。主间隙做成羊角形，主要是为了便于让工频续流电弧在其自身电磁力和热气流作用下被向上拉长而易于熄灭。

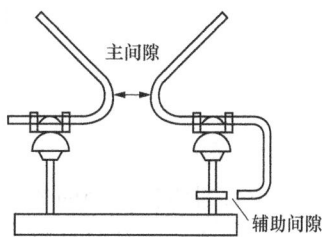

图 7-1 常用角形保护间隙结构

（二）排气式（管型）避雷器

排气式避雷器结构如图 7-2 所示，其也称管形避雷器，由两个间隙串联组成。当雷电压过电压作用于避雷器两端时，内、外两个间隙均被击穿，使雷电流经间隙入地，在雷电过电压消失后，系统正常运行电压将在间隙中继续维持工频续流电弧，电弧的高温使产气管内的有机材料分解并产生大量气体，使管内气压升高，气体在高气压作用下由环形电极的孔口急速喷出，从纵向强烈地吹动电弧通道，使工频续流在第一次过零时熄灭。

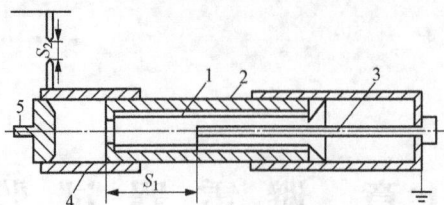

图 7-2　排气式避雷器结构

1—产气管；2—胶木管；3—棒形电极；4—环形电极；

5—动作指示器；S_1—内间隙；S_2—外间隙

（三）阀型避雷器

阀型避雷器由放电间隙和非线性电阻阀片组成，并密封在瓷管内，阀型避雷器结构如图 7-3 所示。放电间隙由若干个标准单个放电间隙（间隙电容）串联而成，并联一组均压电阻可提高间隙绝缘强度的恢复能力。非线性电阻阀片也由许多单个阀片串联而成，火花间隙由数个圆盘形的铜质电极组成，每对间隙用 0.5～1mm 厚云母片（垫圈式）隔开。

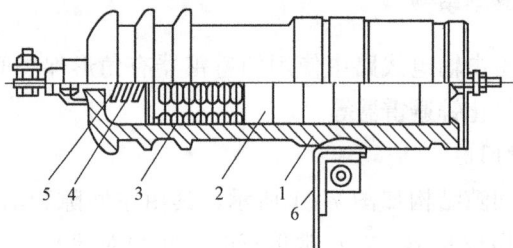

图 7-3　阀型避雷器结构

1—瓷套；2—阀片；3—间隙；4—压紧弹簧；

5—密封橡皮；6—安装卡子

（四）氧化锌避雷器

氧化锌避雷器采用的核心部件是氧化锌压敏电阻阀片，它以氧化锌（ZnO）为主体，适当添加其他金属氧化物，经专门加工成细粒并混合搅拌均匀，再经烘干、压制成工作圆盘，在 1000℃ 以上的高温中烧制而成。典型氧化锌压敏电阻的显微结构包括氧化锌主体、晶界层、尖晶石晶粒和孔隙等部分，氧化锌避雷器结构示意图如图 7-4 所示。

氧化锌避雷器是一种保护性能优越、耐污秽、质量轻、阀片性能稳定的避雷设备，它具有响应快、伏安特性平坦、性能稳定、通流容量大、残压低寿命长、结构简单等优点，广泛使用于发电、输电、变电、配电等系统中。

二、避雷器的结构及工作原理

下面以氧化锌避雷器为例介绍避雷器基本结构，氧化锌避雷器主要包括以下几部分结构：

（1）外绝缘瓷套。氧化锌避雷器的外绝缘瓷套与阀芯间有空隙，空隙间一般充有一定压力的六氟化硫。某些复合型避雷器也用硅橡胶绝缘套作为其绝缘介质。

（2）绝缘筒。其作用是绝缘、密封，防止潮气侵蚀氧化锌非线性电阻阀片，防止其急剧恶化。

（3）氧化锌阀片。由单个阀片串联成组，是避雷器的最重要组成部分。

（4）内绝缘杆。内绝缘杆用来固定一组串联的氧化锌阀片。

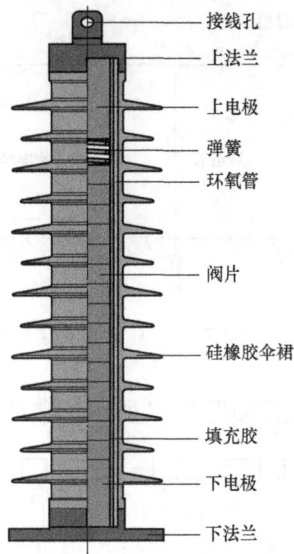

图 7-4 氧化锌避雷器
结构示意图

（5）弹簧。将氧化锌阀片压紧，以保证电气连接可靠。在避雷器顶端装设均压环，多节避雷器各节并联装设不同数值的电容器，以改善其电位分布。为防止避雷器发生爆炸，避雷器均设有压力释放装置。

氧化锌避雷器内装具有优良非线性伏安特性的氧化锌压敏电阻片，压敏电阻片伏安特性如图 7-5 所示。压敏电阻片在正常工作电压下呈高阻，泄漏电流仅微安级；过电压袭来时立即转为低阻，释放能量，并限制过电压幅值；过电压消失后又立即恢复高阻，保证电力系统正常运行。

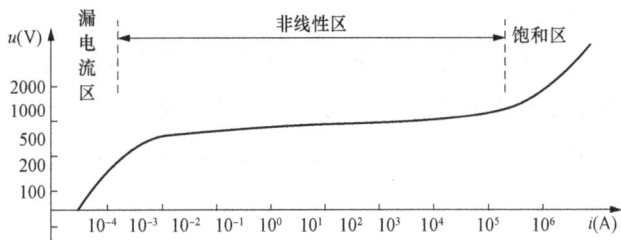

图 7-5 压敏电阻片伏安特性

避雷器安装在与被保护设备对地并联的位置，避雷器安装位置如图 7-6 所示。在发生雷击时，当雷电波过电压沿线路传输到避雷器安装点，避雷器动作，呈低阻状态，从而限制过电压，将过电压引起的大电流泄放入地，使与之并联

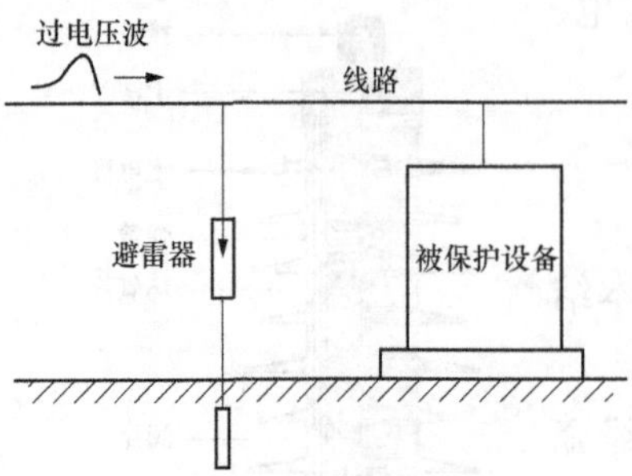

图 7-6 避雷器安装位置

的设备免遭过电压的损害。在雷电侵入波消失后，线路又恢复了常传输的工频电压，避雷器又转变为高阻状态，接近于开路，此时避雷器的存在将不会对线路上正常工频电压的传输产生响应。

三、避雷器型号参数

依据 JB/T 8459《避雷器产品型号编制方法》，金属氧化物避雷器产品型号及参数按照图 7-7 所示的字母排列顺序进行标示。

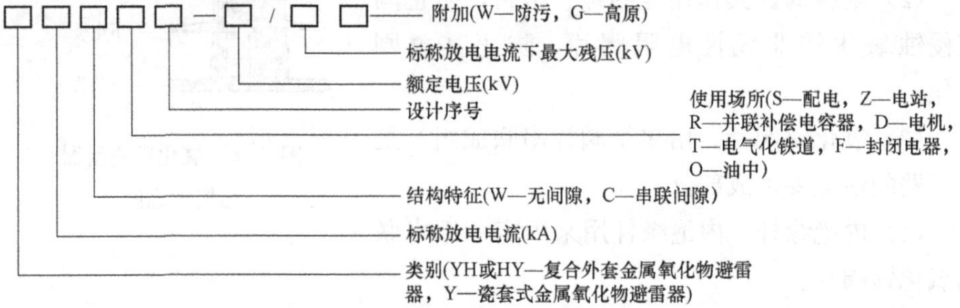

图 7-7 金属氧化物避雷器产品型号及参数

第二节 避雷器例行试验

一、停电试验例行带电检测

（一）红外热像检测

目前电力系统广泛采用红外成像技术检测电力设备热故障，其可为电力设备状态检修提供有力的技术支撑。现场红外成像技术分为一般检测和精确检测两种操作方法，目前电力系统可以采用红外热像精确检测对避雷器进行故障精确判断。

1. 检测周期

（1）500kV 及以上：1月。

（2）220～330kV：3月。

（3）110（66）kV：半年。

（4）35kV 及以下：1年。

2. 检测要求

红外测温判据要求红外热像图显示无异常温升、温差和相对温差，且应符合 DL/T 664《带电设备红外诊断应用规范》的要求。

3. 精确检测操作方法

检测温升所用的环境温度参照体应尽可能选择与被测设备类似的物体，且最好能在同一方向或同一视场中选择。

在安全距离允许条件下，红外成像仪宜尽量靠近被测设备，使被测设备（或目标）尽量充满整个仪器的视场，以提高仪器对被测设备表面细节的分辨能力及测温准确度，必要时，可使用中、长焦距离镜头。当检测线路温度时一般需使用中、长焦镜头。

为了准确测温或方便跟踪，应事先设定几个不同方向和角度，确定最佳检测位置，并且做上标记，以供今后复测用，可提高互比性和工作效率。正确选择被测设备的辐射率，特别要考虑金属材料表面氧化对选取辐射率的影响。

将大气温度、相对湿度、测量距离等补偿参数输入，进行必要修正，并选择适当的测温范围。检测时应记录设备实际负荷电流、额定电流、运行电压、被检物体温度及环境参照体的温度。

4. 注意事项

（1）被测设备是带电运行设备，应尽量避开视线中的遮挡物，如门窗和盖板等。

（2）环温一般不低于 5℃，相对湿度不大于 85%，天气以阴天、多云为宜，夜间最佳。

（3）检测时风速不大于 5m/s，并不应在雷、雨、雾、雪等气象条件下进行。

（4）户外晴天检测应避开阳光直射或反射进入仪器镜头，在室内或晚上检测应避开灯光直射，闭灯检测。

（5）检测电流致热型设备，应在电流最大下进行。如果不是最大电流，一般应不低于额定电流的 30%，并考虑小电流对检测结果的影响。

（二）运行电压下阻性电流测量

无间隙金属氧化物避雷器的等值电路可近似用非线性电阻 R 与电容 C 构成的并联电路来表示，避雷器的交流泄漏电流 I_x 由阻性电流分量 I_R 与容性电流分量 I_C 组成。在正常运行时，流过避雷器的电流主要为容性电流，阻性电流只占 10%~20%。当阀片老化、避雷器受潮、内部绝缘部件受损和表面污秽严重时，容性电流变化不大，而阻性电流急剧增加。所以测量避雷器运行电压下的交流泄漏电流是现场监测避雷器运行状态的主要方法，分析测量的阻性电流占比对发现避雷器受潮有重要意义。

1. 检测周期

110（66）kV及以上：1年。

2. 检测要求

阻性电流初值差不大于50%，且全电流不大于20%。

3. 检测方法

金属氧化物避雷器阻性电流的测试主要测量其运行电流和电压。取总电流的方法只有一种，由于仪器电流测量回路的输入阻抗很小，用电流测量电缆的两个探头分别与放电计数器两端连接即可；根据电压信号选取方式的不同，现场主要使用的测量方法有现场感应法、220V电源法、电压互感器二次法，其电压信号分别来自空间电场、低压电源、电压互感器二次侧。不论哪种方式，所取电压相量均应满足符合阻性电流测试相应的基本要求，包括：①所取电压相量的频率应与电网频率相同；②相量与A、B、C三相的角差稳定；③相量的模比较稳定。

现场常用方式为电压互感器二次法，所测得的电压从电压互感器、电容式电压互感器的二次绕组取得，通过无线或者有线的方式传送至仪器进行分析，依靠电压互感器精准的电压变换，能够直接获取金属氧化物避雷器两端的运行电压的相角、幅值，具有较高准确度，电压互感器二次法原理如图7-8所示。

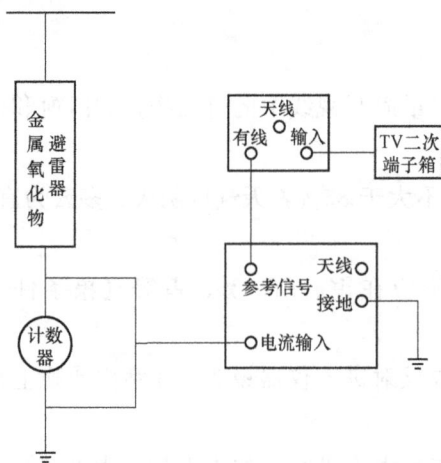

图7-8　电压互感器二次法原理

当金属氧化物避雷器内部受潮时，阻性电流的基波分量增加显著，而当金属氧化物避雷器老化时，阻性电流的3次谐波分量增加显著。目前，提取避雷器阻性泄漏电流的方法主要有基波法、3次谐波法、谐波分析法、电容电流补偿法、电压过零提取法等。目前大多阻性电流测试设备是基于容性电流补偿法原理设计。

4. 注意事项

（1）带电测试应在良好天气下进行。

（2）接取电压互感器二次电压应有专人接线，防止造成电压互感器二次短路或接地短路。

（3）带电测试时，严禁将电流测试线举过避雷器底座法兰，不得将手、工具材料举过避雷器底座法兰，应尽量使用绝缘杆进行搭接。

（4）测试结束后应先将电流测试线及电压互感器二次电压接线脱开。

5. 操作

参考附录 B　AI-6106 氧化锌避雷器带电测试仪操作手册进行操作。

二、例行停电试验

（一）直流 1mA 电压（U_{1mA}）及在 $0.75U_{1mA}$ 下的泄漏电流测量

测量氧化锌避雷器的 U_{1mA} 主要是检查其阀片是否受潮、老化，确定其动作性能是否符合要求；测量 $0.75U_{1mA}$ 下的泄漏电流，主要是检测在此电压下的长期允许工作电流是否符合规定，该电流通常与氧化锌避雷器的寿命有直接关系。

1. 检测周期

（1）110（66）kV 及以上：3 年。

（2）35kV 及以下：4 年。

2. 检测要求

（1）U_{1mA} 初值差不超过 ±5％ 且不低于 GB/T 11032《交流无间隙金属氧化物避雷器》的规定值（注意值）。

（2）$0.75U_{1mA}$ 下的泄漏电流初值差不大于 30％ 或不大于 $50\mu A$。

3. 试验方法

试验使用仪器包括控制箱、直流高压发生器、微安表等，氧化锌避雷器的 U_{1mA} 测量接线如图 7-9 所示。

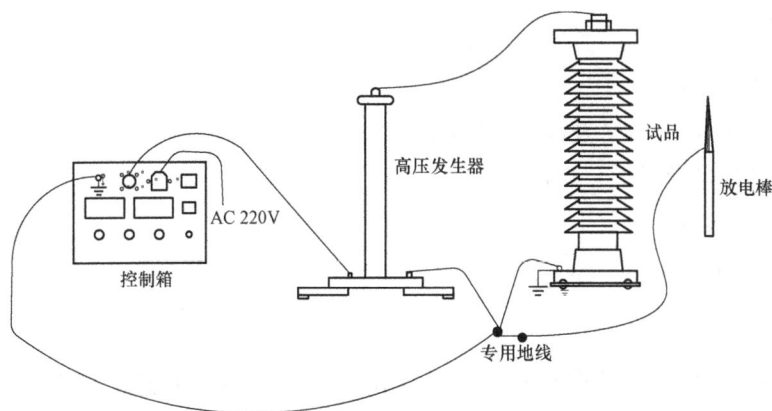

图 7-9　氧化锌避雷器的 U_{1mA} 测量接线

U_{1mA} 为无间隙氧化锌避雷器通过 1mA 直流电流时，被试品两端的电压；$0.75U_{1mA}$ 下的泄漏电流为被试品两端施加电压 $0.75U_{1mA}$ 时，测量流过避雷器的泄漏电流。在控制箱调节输出电压，当直流达到 1mA 时，准确读出相应的电压 U_{1mA}，随后将电压降至 $0.75U_{1mA}$，读取电流值。

4. 注意事项

（1）在进行试验前，应先测试绝缘电阻值正常。

（2）为防止发生外绝缘闪络和绝缘受潮等缺陷，避雷器直流 U_{1mA} 测试通常采用负极性直流高压。

（3）在泄漏电流大于 $100\mu A$ 后，随着电压上升，电流会显著变化，加压时注意放慢速度。

（4）在试验开始前，要尽可能清洁避雷器外表面，避免表面泄漏影响，如果因为受潮、脏污等原因导致试验数据异常的，应在靠近加压端的瓷套表面装屏蔽环。

（5）注意被试品周围其他物件对试验结果的影响，保持足够的安全距离，测试线与避雷器的夹角也应尽可能拉大。

（6）试验回路的接地应在被试品处选取。

5. 操作

参考附录 E　DHV 直流高压发生器操作手册进行操作。

（二）底座绝缘电阻

避雷器在制造过程中可能存在缺陷而未检查出，如果在空气潮湿的天气装配出厂，会预先带进潮气；在运输过程中受损，外部瓷套碰伤，测量其绝缘电阻可检查出是否存在内部缺陷；对带放电计数器的避雷器应进行底座绝缘电阻测试，其目的是检查底座绝缘是否受潮或瓷套出现裂纹，以保证放电计数器可正确动作。

1. 检测周期

（1）110（66）kV 及以上：3 年。

（2）35kV 及以下：4 年。

2. 检测要求

标准要求不小于 $100M\Omega$。

3. 试验方法

根据不同试品电压的要求，选择不同电压等级的绝缘电阻表，对 35kV 及以下电压等级的用 2500V 绝缘电阻表，对 35kV 及以上电压等级的用 2500V 或 5000V 绝缘电阻表。底座绝缘电阻测试接线如图 7-10 所示。

4. 注意事项

（1）拆、接线前，应对被试设备充分放电。

（2）在充、放电过程中，严禁人员触及被试设备。

（3）测量引线应牢固。

（三）放电计数器功能检查

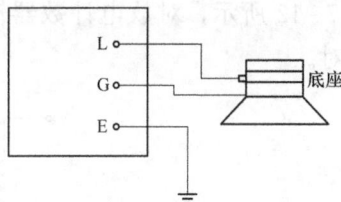

图 7-10 底座绝缘电阻测试接线

由于密封不良，放电计数器在运行中可能进入潮气或水分，使内部元件锈蚀，导致计数器不能正确动作，因此需定期试验以判断计数器是否状态良好，能否正常动作，以便总结运行经验进行事故分析。带有泄漏电流表的计数器，其电流表用来测量避雷器在运行状态下的泄漏电流，泄漏电流是判断运行状况的重要依据，但现场运行经常出现电流指示不正常的情况，所以泄漏电流表宜进行检验或比对试验，保证电流指示正确。

1. 检测周期

如果已有基准周期以上未检查，有停电机会时进行该项目。检查完毕应记录当前基数。若装有电流表，应同时校验电流表，校验结果应符合设备技术文件要求。

2. 检测要求

功能正常。

3. 试验方法

图 7-11 为 JS-8 型整流式结构的放电计数器原理，避雷器动作时，阀片电阻 R_1 上的压降经全波整流给电容 C 充电，C 再对电磁式计数器的电感绕组放电，使其动作计数。该放电计数器的阀片电阻 R_1 较小，通流容量较大（1200A 方波），最小动作电流为 100A（$8/20\mu s$ 冲击电流），JS-8 型放电计数器一般用于 6~330kV 系统，JS-8A 型放电计数器用于 500kV 系统。

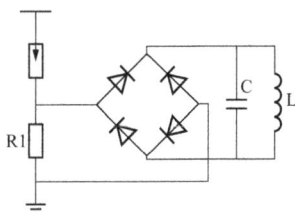

图 7-11 JS-8 型整流式
结构的放电计数器原理

检查放电计数器动作是否正常的一种方法是用冲击电流发生器给计数器加一个幅值大于 100A 的冲击电流，看其是否动作。当下多采用专用的能产生模拟标准雷电流、电压的避雷器计数器检验仪，其能够产生 $8/20\mu s$、100A 的标准冲击电流。

对于带泄漏电流表的放电计数器，需检验其电流指示，通常选用放电计数器测试仪的电流测量回路进行试验，放电计数器测试仪的电流测量回路如

图 7 - 12 所示，对放电计数器输出电流，并将仪器输出与计数器的电流进行比对。

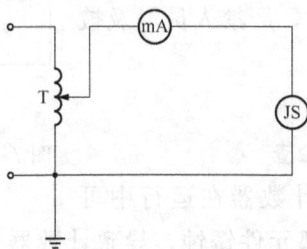

图 7 - 12 放电计数器测试仪的电流测量回路
T—高压器；mA—毫安电流表；JS—计数器

4. 注意事项

(1) 记录放电计数器试验前后的放电指示数值。

(2) 确认放电计数器不存在破损、进水现象。

5. 操作

参考附录 G HZST57 避雷器放电计数器动作特性测试仪操作手册进行操作。

第八章 高压套管试验

套管在高压导体穿过与其电位不同的隔板时起绝缘和支持作用，一般用于变压器、断路器等设备的引出线对金属外壳的绝缘，也用于母线穿过墙壁时的绝缘。

第一节 套管的结构及原理

一、套管分类

1. 按绝缘结构和主绝缘材料分类

（1）单一绝缘套管。包括：①纯瓷套管：仅以电瓷（或兼以空气）作为内外绝缘的套管；②树脂套管：仅以树脂（或兼以空气）作为内外绝缘的套管。

（2）复合绝缘套管。包括：①充油套管：瓷套内部充绝缘油作为主绝缘的套管；②充胶套管：瓷套内部充填胶状绝缘混合物作为主绝缘的套管；③充气套管：瓷套内部充 SF_6 等气体作为主绝缘的套管。

（3）电容式套管。包括：①油纸电容式套管：以油浸纸作为主绝缘材料，并在内部设置若干箔状电极以均匀电场分布的套管；②胶纸电容式套管：以胶纸作为主绝缘材料，并在内部设有若干箔状电极以均匀电场分布的套管。

2. 按用途分类

套管按用途不同可分为穿墙套管和电器套管。其中，电器套管又按具体配套对象分为变压器、互感器、断路器、电容器套管。

二、套管基本结构

1. 干式套管

干式套管是由环氧树脂电容芯子、上瓷套（或复合外套）、连接法兰、头部盖板及密封垫圈装配成的整体，干式套管结构如图 8-1 所示。干式套管的主绝缘采用无油新型绝缘材料，无油渗漏，消除了油对环境的污染，同时具有阻燃性好、防爆，质量轻、安装占用空间小，可有效地减小变压器主机的体积等优点。另外，还有可任意角度安装、免维护、运输包装储存简单方便的优点。

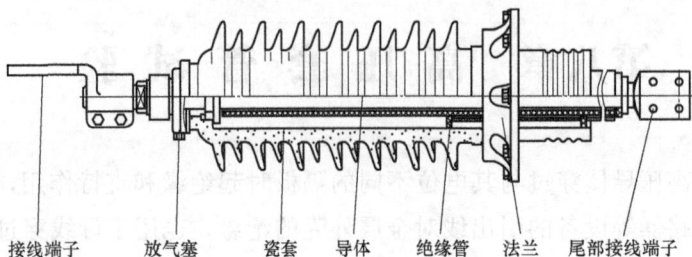

图 8-1　干式套管结构

2. 充油套管

充油套管电压等级较低，无电容芯子，相对于电容式套管结构较简单，广泛应用于电力变压器的低压侧。充油套管由接线端子、储油柜、上瓷套、下瓷套、电容芯子、导杆、绝缘油、法兰盘、和均压球等组成，充油套管结构如图 8-2 所示。

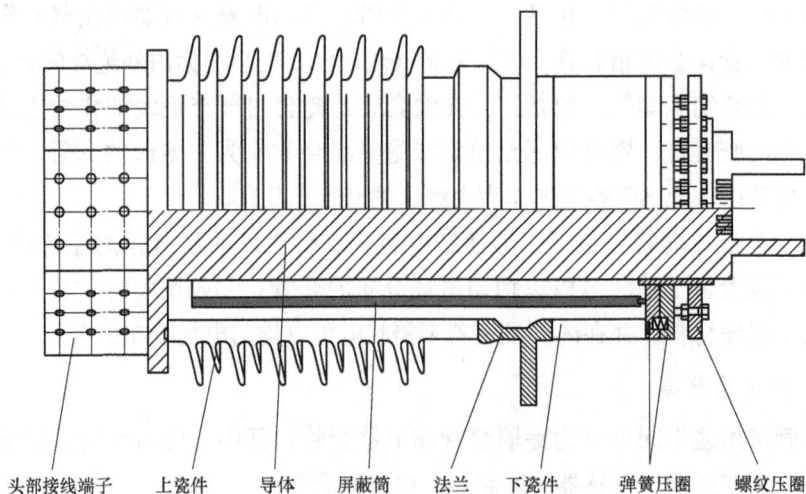

图 8-2　充油套管结构

3. 电容式套管

电容式套管是由电容芯子、上下瓷套、连接法兰及储油柜组成并借助强力

110

弹簧和密封垫圈装配成整体，电容式套管结构如图8-3所示。套管设有测量端子，用于套管介质损耗、局部放电量测量。法兰、储油柜均采用铸铝结构，不仅使套管轻巧美观，而且铸铝是非导磁材料，无磁滞损耗和涡流损耗，因此可使套管具有非常好的热性能。

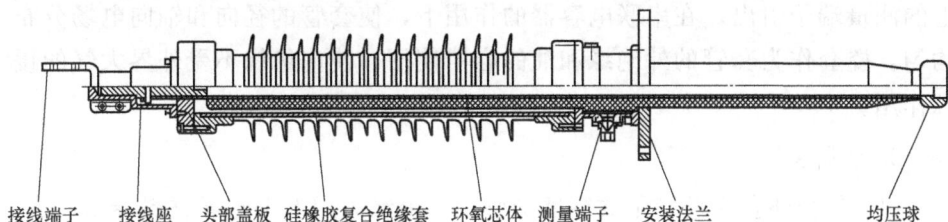

接线端子　接线座　头部盖板　硅橡胶复合绝缘套　环氧芯体　测量端子　安装法兰　　　　　均压球

图8-3　电容式套管结构

三、套管工作原理

1. 电容式套管

为防止油变质影响芯子性能，充变压器油的电容式套管采用与外界隔绝的密封结构。电容芯子是由层状绝缘材料和箔状电极在导杆或导管（通过电流的导体）上卷绕而成的同心柱形串联电容器，用以均匀电场。电容式套管的最外一层电容屏称为末屏，通过一小套管引到套管外面接地，以便于试验。电容式套管是一个单独的密封体，因此设有储油柜，以免运行时内部产生过高的压力。

（1）变压器套管。油纸电容式变压器套管主要用于电力变压器中，用于引入变压器的高压电流和高电压，对变压器外壳绝缘。油纸电容式变压器套管载流方式分为穿缆式载流和导管直接载流两种。油纸电容式变压器套管采用电容式全密封结构，其由电容芯子、瓷套、储油柜和接地法兰等组成，并借助强力弹簧和密封垫圈装配成整体，油纸电容式变压器套管外形如图8-4所示。主绝缘电容芯子以优质电缆纸与打孔铝箔绕制成同心圆柱电容器。接地法兰用于套管的固定安装和接地，法兰上设有的测量端子与电容芯子末屏连接，用作套管介质、局部放电量测量等，运行时必须接地，严禁开路。

图8-4　油纸电容式变压器套管外形

（2）穿墙套管。穿墙套管主要用于变电站中引导高压或超高压导线穿过建筑物的墙板，用于导电载流和高压对地墙板的绝缘及机械固定。油纸电容式穿墙套管分为立式安装和卧式安装两种，其主要由储油柜、瓷套、电容芯子、连接套筒、油封（卧式套管口）等主要零部件组成。电容芯子套管的主绝缘是在套管的中心铜管外包绕铝箔作为极板，以油浸电缆纸作为极间介质组成串联同心圆体电容器，电容器的一端为中心导管，另一端通过连接套筒上的测量端子引出，在串联电容器的作用下，使套管的径向和轴向电场分布均匀，瓷套作为套管的外绝缘和油的容器使用，使内绝缘不受外界大气的侵蚀作用。

2. 干式套管

（1）复合外套充硅胶干式穿墙套管。主绝缘采用新型绝缘材料卷制而成，外绝缘使用有机复合外套，在主绝缘和外绝缘之间充以弹性绝缘硅胶。该套管耐污性能好、尺寸小、质量轻、无漏油、不污染环境；该套管安装、运输可以在任意角度下进行且免维护。

（2）充SF_6干式穿墙套管。该产品是一种新型充气电容式无油穿墙套管，其主绝缘采用新型绝缘材料卷制而成。在主绝缘和外绝缘之间充以微正压的工业SF_6绝缘气体，具有尺寸小、结构紧凑、密封结构可靠等优点，无漏油及污染环境的隐患，套管内仅充有少量的微正压SF_6绝缘气体，不会自燃、助燃，且防火、防爆。

（3）环氧树脂胶浸纸干式套管。主绝缘为环氧树脂浸渍以皱纹纸缠绕的电容芯子并经固化而成，该类干式套管具有质量轻、无油、免维护、防爆、任意角度安装等优点。

四、套管型号及含义

电容式变压器套管型号表示方法如图 8-5 所示。

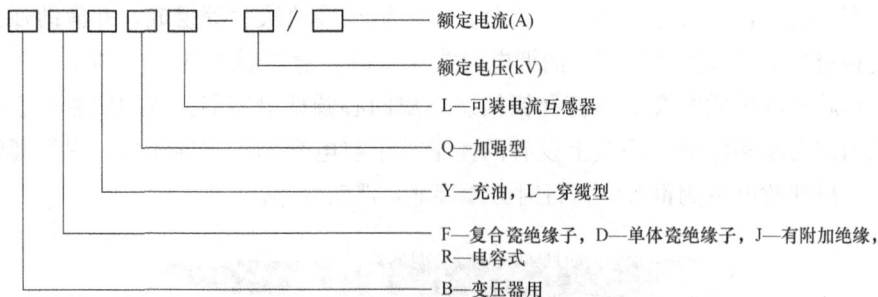

图 8-5 电容式变压器套管型号表示方法

第二节 套管例行试验

一、例行带电检测

（一）红外热像检测

检测套管本体、引线接头等的红外热像图显示应无异常温升、温差或相对温差，其检测和分析方法参考 DL/T 664《带电设备红外诊断应用规范》。

1. 基准周期

（1）330kV 及以上：1 月。

（2）220～330kV：3 月。

（3）110（66）kV：半年。

（4）35kV 及以下：1 年。

2. 测试标准及要求

进行红外测温应满足以下要求：

（1）红外测温采用红外成像仪测试。

（2）测试应尽量在负荷高峰、夜晚进行。

（3）在大负荷增加检测。

（二）SF₆ 气体湿度检测

1. 基准周期

110（66）kV 及以上：3 年。

2. 测试标准及要求（20℃，0.1013MPa）

（1）新充气：湿度（H_2O）不大于 $250\mu L/L$。

（2）运行中：湿度（H_2O）不大于 $500\mu L/L$（注意值）。

二、例行停电试验

（一）套管绝缘电阻测试

1. 基准周期

110（66）kV 及以上：3 年。

2. 测试接线方法

测量绝缘电阻可以发现套管瓷套裂纹、本体受潮程度和小套管（末屏）绝缘劣化、接地等缺陷。对于已安装到变压器本体上的套管，测量其高压导电杆对地的绝缘电阻时应连同变压器本体一起进行，而测量小套管（末屏）对地绝缘电阻可单独进行。由于套管受潮一般总是从最外层电容层开始，因此测量小套管对地绝缘电阻具有重要意义。

（1）电容套管主绝缘。采用 2500V 及以上的绝缘电阻表，将导电杆接入绝缘电阻表的 L 端，末屏接入绝缘电阻表的 E 端。

（2）电容套管末屏绝缘。采用 2500V 绝缘电阻表，将套管的末屏接入绝缘电阻表的 L 端，外壳及地接入绝缘电阻表的 E 端。

3. 测试注意事项

（1）历次试验应选用相同电压、相同型号的绝缘电阻表。

（2）测量时宜使用高压屏蔽线且屏蔽层接地。若无高压屏蔽线，测试线不要与地线缠绕，应尽量悬空，测试线不能用双股绝缘线和绞线，应用单股线分开单独连接，以免因绞线绝缘不良而引起误差。

（3）试验人员之间应分工明确，测量时应配合默契，测量过程中要大声读数。

（4）测量时应在天气良好的情况下进行，且空气相对湿度不高于 80％。若遇天气潮湿、套管表面脏污，则需要进行屏蔽测量。

（5）禁止在有雷电时或邻近高压设备时使用绝缘电阻表，以免发生危险。

（6）测试电容套管末屏绝缘的绝缘电阻后，切记做好末屏接地，以防末屏在运行中放电。

4. 测试标准及要求

20℃套管主绝缘的绝缘电阻值不应低于 10000MΩ，末屏对地的绝缘电阻不应低于 1000MΩ。

（二）套管电容量和介质损耗因数测量

套管介质损耗因数 tanδ 和电容量的测量是判断套管绝缘状况的一项重要手段。由于套管体积较小、电容量较小（几百 pF），因此测量 tanδ 可以较灵敏地反映套管劣化受潮及某些局部缺陷，测量电容量也可以发现套管电容芯层局部击穿、严重漏油、测量小套管断线及接触不良等缺陷。现场一般采用西林电桥测量套管的 tanδ 和电容量。

1. 基准周期

110（66）kV 及以上：3 年。

2. 测试接线方法

（1）单独套管的试验。大多数电力设备中广泛使用 35kV 及以上的油纸电容型或胶纸电容型套管。该类套管中有一部分带有专供测 tanδ 用的小套管，即测量小套管（末屏），也有部分套管不带测量小套管。当套管未安装到设备上或交接大修时从设备本体拆下来单独试验时，可采用西林电桥正接线法测量其 $\tan\delta$ 和电容量。

测量不带末屏的套管，采用正接线方式。将套管垂直放在支架上，中部法兰用高电阻的绝缘垫对地绝缘。将电桥高压线接至套管导电杆，测量线 Cx 接至法兰，测量不带末屏套管 $\tan\delta$ 的正接线如图 8-6 所示。

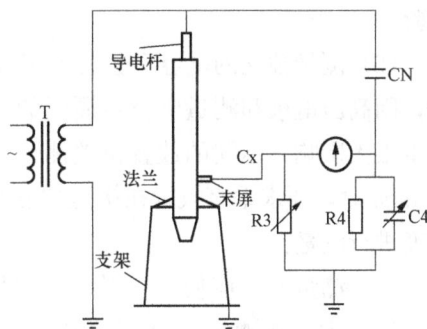

测量带末屏套管的主绝缘 $\tan\delta$ 采用正接线方式，将中部法兰直接接地，将电桥高压线接至套管导电杆，测量线 Cx 接至末屏小套管，测量带末屏套管主绝缘 $\tan\delta$ 的正接线如图 8-7 所示。

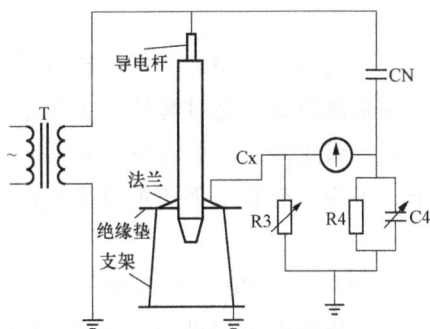

图 8-6　测量不带末屏套管　　　　　图 8-7　测量带末屏套管主绝缘
　　　　 $\tan\delta$ 的正接线　　　　　　　　　　　 $\tan\delta$ 的正接线

（2）现场变压器电容套管试验。现场运行的变压器电容套管已牢固安装于设备箱体，套管内部导电杆下部与变压器绕组相连接，例行试验时，无法将套管与内部绕组连接拆开，因此测量时需采取特殊接线，以避免变压器绕组电感、变压器本体电容对套管 $\tan\delta$ 和电容量测量的影响。

现场测量接线时，应将测量变压器绕组连同中性点全部短接后接西林电桥高压引线，西林电桥 Cx 线接被测量套管的测量小套管，分别测量各相套管的电容量。西林电桥用正接线测量，不能采用反接线。

测量时若接线不正确（全部绕组开路）会对套管 $\tan\delta$ 测量造成很大误差，误差与变压器的容量、结构等有关，误差是由变压器绕组的电感和空载损耗产生的。总之，从现场测量结果来看，测量时将绕组短接能大大减小测量误差。从现场测量的准确性和安全性出发，测量套管 $\tan\delta$ 时最好将加压套管侧绕组连同中性点短接后接高压，其他非被试绕组短接后接地。如测量高压套管时，将高压绕组连同高压绕组中性点短接后接高压引线，中、低压绕组及其中性点短接后接地。

3. 测试注意事项

(1) 测试应在良好的天气，湿度小于80%，套管本身及环境温度不低于5℃的条件下进行。

(2) 测试前，应先测试被试品的绝缘电阻，其值应正常。

(3) 在拆除套管一次引线时要采用正确方法，选用合适的工具进行，严防工具打滑损坏套管瓷套。拆除套管末屏接地时，注意防止末屏小套管漏油或小套管内接线转动、松脱。试验完毕应可靠恢复末屏接地，防止运行中末屏放电。

(4) 油套管试验前要观察其油位是否正常，不得在套管无油的状态下进行试验。

(5) 测量独立的电容型套管 tanδ 时，由于其电容小，当套管位置放置不同时，因高压电极和测量电极对周围的物体存在杂散阻抗，会对套管的实测结果产生很大影响，不同的放置位置测试结果不同。因此，在测量高压电容型套管的 tanδ 时，要求垂直放置在接地的套管架上，不应把套管水平放置或吊起任意角度进行测量。

(6) 测量时，应使高压引线与试品夹角接近或大于 90°。因为套管的电容量一般不大，在测量 tanδ 时高压引线与试品的杂散电容对测量的影响较大，尤其是瓷套表面存在脏污并受潮时，所以应尽量减小高压引线与试品间的杂散电容。

(7) 在测量变压器套管时，为了安全并减小变压器绕组电感的影响，所有变压器绕组都应短路非被试套管上的线圈应当接地，各相套管单独试验，非试验相套管的末屏必须可靠接地。

(8) 当相对湿度较大时，正接线测量 tanδ 结果偏小，甚至可能出现负值；反接线测量 tanδ 往往偏大。当相对湿度较大时，不宜采用加屏蔽环来防止表面泄漏电流的影响。有条件可采用电吹风吹干瓷套表面或待阳光暴晒后进行测量。

4. 测试标准及要求

电容型套管 20℃时电容量初值差不超过±5%，介质损耗因数 tanδ 满足表 8-1 要求。

表 8-1　　　　　　　　　　电容量与介质损耗因数标准

U_m (kV)	126/72.5	252/363	≥550
tanδ	≤0.01	≤0.008	≤0.007

第三节 套管诊断性试验

一、诊断性带电检测

套管诊断性带电检测主要是指高频局部放电检测，该检测从套管末屏接地线上取信号。当怀疑有局部放电时，应结合其他检测方法的检测结果进行综合分析。当套管应用于变压器或电抗器时，其内部局部放电会从套管测试数据表征出来，因此要结合变压器或电抗器本体测试结果综合分析。

二、诊断性停电试验

（一）油中溶解气体分析

在怀疑套管绝缘受潮、劣化，或者怀疑内部可能存在过热、局部放电等缺陷时应进行油中溶解气体分析。测试标准及要求如下：

（1）乙炔：①220kV 及以上：≤1μL/L（注意值）；②其他：≤2μL/L（注意值）。

（2）氢气：≤140μL/L（注意值）。

（3）甲烷：≤40μL/L（注意值），同时应根据气体含量有效比值进一步分析。

取样时，务必注意设备技术文件的特别提示（如有），并检查油位，且油位应符合设备技术文件的要求。判断和检测方法参考 GB/T 24624《绝缘套管 油为主绝缘（通常为纸）浸渍介质套管中溶解气体分析（DGA）的判断导则》。

（二）套管末屏介质损耗因数测试

以前高压套管末端设有 2 个小套管，一个是电压抽头，供二次用；另一个供测量用。但由于电压抽头二次系统现已不用，当前生产的电容式套管只有一个测量小套管（末屏），该套管平时接地，当停电进行试验或在线监测时才用。末屏设计的对地电容 C_2 和主电容 C_1 相差倍数不多，运行中一旦开路，末屏对地电压非常高，导致对地击穿。如 500kV 变压器套管主电容 $C_1=300pF$，而末屏对地电容 $C_2=900pF$，开路最大电压 $U_2=\dfrac{550}{\sqrt{3}}\times\dfrac{300}{900+300}=74\,(kV)$。所以在运行过程中，一定要保证末屏牢靠接地，不能开路。另外，当套管密封不良时浸入的水分通过外层绝缘逐渐进入电容芯内部，也会先使外层绝缘受潮。理论和实践均证明，电气试验测量末屏的绝缘电阻、tanδ 比测量主电容的绝缘电阻、tanδ 更能有效发现套管受潮的缺陷。

1. 测试接线方法

测量套管末屏的 tanδ 采用反接线，将套管中部法兰直接接地，测量线 Cx 接至末屏小套管，导电杆接电桥屏蔽，测量套管末屏的 tanδ 的反接线如图 8‑8 所示。

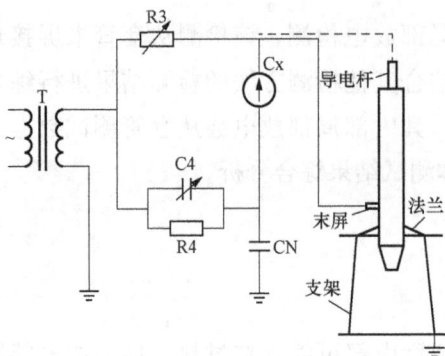

图 8‑8　测量套管末屏的 tanδ 的反接线

2. 测试标准及要求

套管末屏的绝缘电阻应大于 1000MΩ，否则应测 tanδ，其值不大于 0.015（注意值）。

（三）套管交流耐压试验

大修后的套管应做交流耐压试验，以考验主绝缘的绝缘强度。通过交流耐压试验曾发现过纯瓷充油套管瓷质裂纹、电容套管电容芯棒局部爬电、胶纸电容套管下部绝缘表面有擦痕等缺陷。

1. 测试接线方法

交流耐压试验前，应将被试套管瓷套表面擦干净，套管主绝缘耐压时，将套管的一次侧接入交流耐压装置的高压部分，法兰及末屏接地；末屏对地耐压时，将套管末屏接入耐压装置的高压部分，法兰接地，末屏对地耐压严格按产品说明书要求进行。运行中设备的套管耐压一般随设备整体进行耐压，按组合设备的最低试验电压进行。

2. 测试注意事项

（1）在进行交流耐压试验前，应先进行其他绝缘试验，合格后才能进行耐压试验。

（2）充油套管经运输或注油后，交流耐压试验前还应将试品按规定静置足够时间，以排除可能残存的空气，

（3）被试品按试验电压要求与带电或其他设备保持足够安全距离。

（4）升压过程中应密切监视高压回路、试验设备、测试仪表，并监听被试品是否有异响。

（5）有时耐压试验进行了数十秒，中途因故失去电源使试验中断，在查明原因恢复电源后，应重新进行全时间的持续耐压试验，不可仅进行补足时间的试验。

3. 测试标准及要求

套管交流耐压为出厂试验值的 80%，持续时间为 60s。

（四）套管局部放电测量

1. 测试方法

按照 DL/T 417《电力设备局部放电现场测量导则》进行，试验方法采用串联法、并联法或平衡法。套管分为气套管和油套管，在试验时要根据套管类型选择油箱或气罐作为配套使用设备。两种套管的试验原理和方法均相同，下面以油套管为例进行说明。

变压器或电抗器套管局部放电试验时，其下部必须浸入一合适的油筒内，注入筒内的油应符合油质试验的有关标准，并静止 48h 后才能进行试验，套管局部放电试验接线如图 8-9 所示。

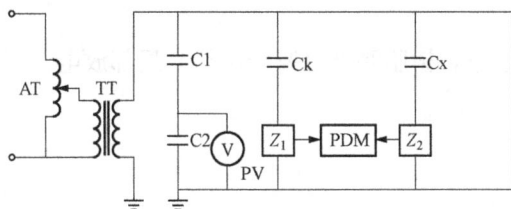

图 8-9　套管局部放电试验接线

AV—试验调压器；TT—试验变压器；C1、C2—分压器；

PV—交流电压表；Cx—高压套管；Ck—耦合电容器；

Z_1、Z_2—测量阻抗；PDM—局部放电仪

套管局部放电的试验电压由试验变压器外施产生，穿墙或其他形式的套管的试验不需放入油筒。测量电路的背景噪声和测量灵敏度应能测出 5pC 的局部放电量及规定允许放电量的 20%，当测量套管规定局部放电量不大于 10pC 时，则背景噪声允许达到 100%。对已知由外部干扰引起的脉冲，可利用平衡试验线路，带阻滤波器调谐等办法来消除，或用时间窗的方法从干扰中分离出真正的局部放电信号。当使用 pC 直接表示的仪表进行读数时，应以其重复出现的最高值为准。

2. 测试注意事项

（1）局部放电试验前，套管应完成全部常规试验，并且结果合格，套管若受机械作用，应静置一段时间再进行试验。

（2）被试套管附近的围栏等可能有电位悬浮的导体均应可靠接地，防止因杂散电容耦合而产生悬浮电位放电。

（3）被试套管附近所有金属物体均应良好接地，否则由于尖端电晕或小间

隙放电，对局部放电测量会产生严重干扰。试区内一般要求地面无任何金属异物、场地干净、试品瓷套无纤维沉积等，否则会对局部放电测试有影响。

（4）按照电压等级选择试验回路的所有引线直径。引线宜采用金属圆管，试验导线接头，试品高压端放置均压环，从而保证试验回路在试验电压下不产生电晕。

（5）整个试验回路一点接地，接地回路采用铜箔，以抑制试验回路接地系统的干扰。

（6）局部放电试验过程中，被试套管周围的电气施工应尽可能停止，特别是电焊作业，以减少试验干扰。

3. 测试标准及要求

（1）$1.05U_m/\sqrt{3}$ 下，油浸纸、复合绝缘、树脂浸渍、充气局部放电：$\leqslant 10$pC（注意值）。

（2）$1.05U_m/\sqrt{3}$ 下，树脂黏纸（胶纸绝缘）局部放电：$\leqslant 100$pC（注意值）。

附录 A   AI - 6000k 电容量及介质损耗测试仪操作手册❶

一、仪器介绍

AI - 6000k 电容量及介质损耗测试仪如图 A1 所示，仪器箱内包括大电流导线、Cx 芯线、接地线、高压芯线、高压屏蔽及主机。仪器主机各接口对应各接线，仪器界面右下角包括总电源开关、内高压开关，下方包括选项光标及启停按钮。

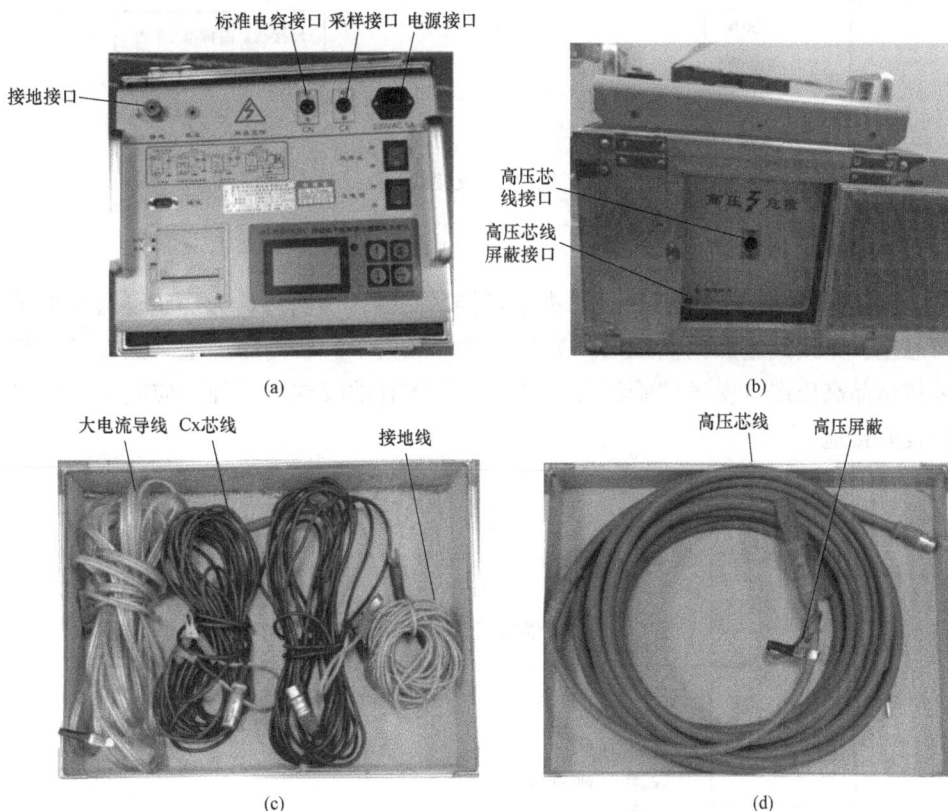

(a)

(b)

(c)

(d)

图 A1   AI - 6000k 电容量及介质损耗测试仪

（a）主机；（b）主机接口；（c）试验线；（d）高压芯线、高压屏蔽

---

❶   附录中出现的系统界面图均不做修改。

二、试验接线

1. 反接线（见图 A2）

用高压芯线（红夹子）连接试品高压端。高压屏蔽（黑夹子）用于连接高压屏蔽，特别是可以屏蔽掉分流支路，无屏蔽时可悬空。

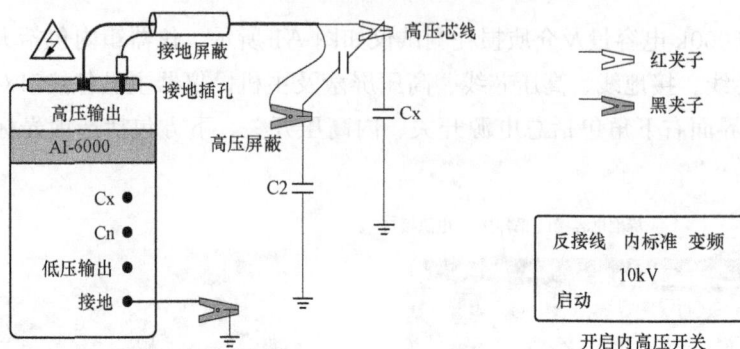

图 A2　反接线

2. 正接线（见图 A3）

Cx 屏蔽黑夹子等同接地，黑夹子可接试品低压屏蔽环，无屏蔽环时黑夹子可悬空。正接线施加内高压时，高压芯线（红夹子）和高压屏蔽（黑夹子）都要接试品高压端。现场试验经常遇到接地导体有油漆或者锈蚀，应刮干净以保证良好接地。

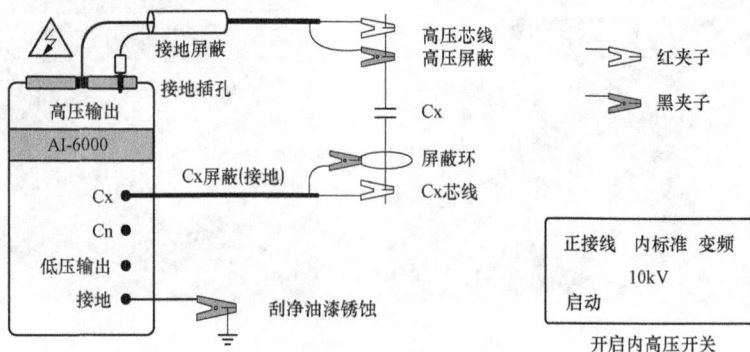

图 A3　正接线

3. CVT 自激法接线（见图 A4）

高压芯线接 C2 尾端，Cx 芯线接 C12 上端。母线是否接地不影响产量，但当 CVT 上部只有一节 C1 时，母线不能接地，否则 Cx 芯线将对地短路。低压输出和接地之间输出低压激励电压，其可以接 CVT 任何一个二次绕组，也无极性要求。一次测量可得到两个结果：C1 即 CVT 的 C12 的数据，C2 即 CVT 的 C2 的数据。

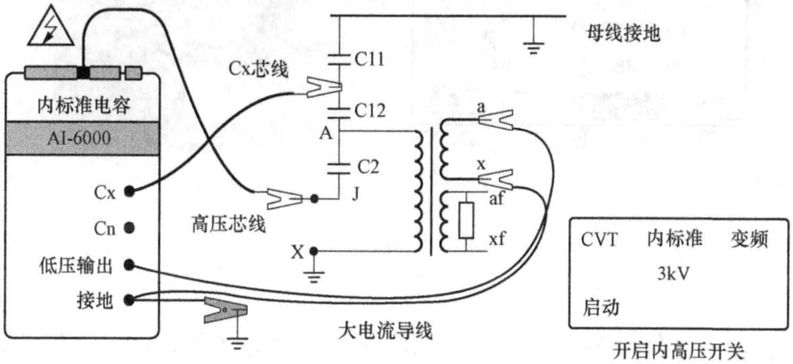

图 A4　CVT 自激法接线

4. 变比测量接线（见图 A5）

各种电压互感器（电磁式 TV 或 CVT 等）都可以测量变比。需要注意的是，一次电压（A - X 之间）不能超过 TV 允许电压，二次电压（a - x 之间）不能超过 100V。注意 TV 同名端，Cx 的芯线/屏蔽不要反接，否则相位改变 180°。最后仪器会显示测量结果，其中 K 是一次电压与二次电压之比，θ 是一次电压超前二次电压的角度。

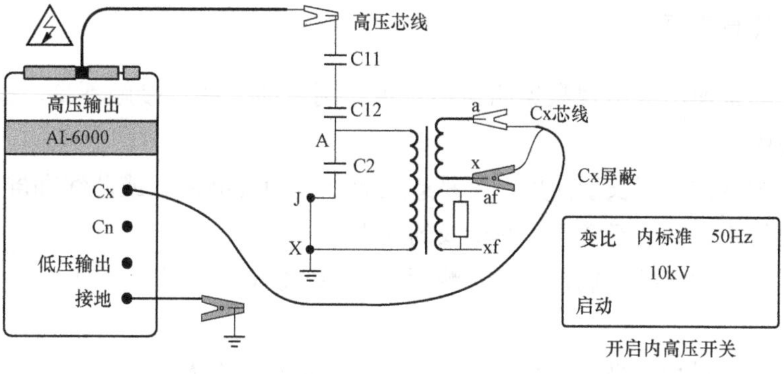

图 A5　变比测量接线

三、试验操作

（1）开机设置。打开电源开关后，自动进入测量菜单。使用机内高压请打开内高压开关，试验操作界面如图 A6 所示。

（2）选择接线方式。光标在图 A6 所示的①处，按"↑""↓"选择"正接线""反接线""变比""CVT"测量方式。

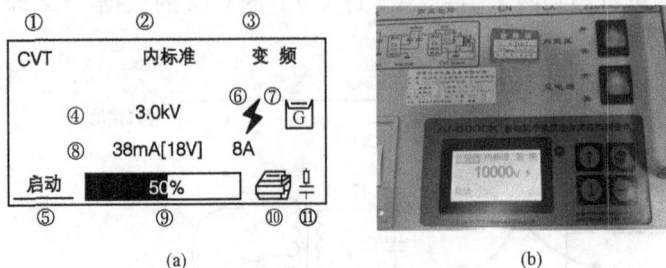

图 A6 试验操作界面

(a) 示意图；(b) 显示屏

（3）选择内、外标准电容。光标在图 A6 所示的②处，按"↑""↓"选择"内标准""外标准"。仪器开机默认内标准，通常使用内标准即可。

（4）开机默认频率。开机后，图 A6 所示的③处显示变频，表示 49/51Hz 自动变频。仪器自动用 49Hz 和 51Hz 各测量一次，得到 50Hz 下无干扰的数据。开机默认为该方式，建议使用此方式。

（5）正、反、变比方式可选择 100~10000V 试验高压。光标在图 A6 所示的④处，按"↑""↓"可以在若干个预制电压中选一个试验电压，允许设置的电压范围为 100~10000V，超出范围的电压不被接受，启动测量后该处显示高压，下面显示实测电流（微安或毫安）。

四、注意事项

（1）如果使用中出现数据明显不合理，则可能为搭钩接触不良，接地接触不良等原因。

（2）测试线由于长期使用，容易造成测试线隐性断路，或芯线和屏蔽短路，或插头接触不良，应经常检查测试线的外观。

（3）接好线后请选择正确的测量工作模式（正、反、CVT），不可选择错误。

（4）使用过程中高压芯线应绑扎牢固，防止坠落伤人。

五、试验标准（见表 A1）

表 A1　　　　　　　　　　试 验 标 准

设备	标准
油浸式变压器和电抗器	1）330kV 及以上：≤0.005（注意值）； 2）110（66）~220kV：≤0.008（注意值）； 3）35kV 及以下：≤0.015（注意值）

续表

设备	标准
电流互感器	1）电容量初值差不超过±5%（警示值）； 2）110/72.5kV：≤0.01（注意值）； 3）252/363V 及以下：≤0.008（注意值）
电容式电压互感器	1）电容量初值差不超过±2%（警示值）； 2）介质损耗因数：≤0.0025（膜纸复合）（注意值）
高压套管	1）电容量初值差不超过±5%（警示值）； 2）110/72.5kV：≤0.01（注意值）； 3）252/363V 及以下：≤0.008（注意值）
耦合电容器	1）电容量初值差不超过±5%（警示值）； 2）介质损耗因数：膜纸复合≤0.0025

附录 B AI-6106 氧化锌避雷器带电测试仪操作手册

一、仪器介绍

AI-6106 氧化锌避雷器带电测试仪如图 B1 所示，仪器箱内包括主机、黄绿红阻性电流采样线、电流隔离器三部分。

图 B1 AI-6106 氧化锌避雷器带电测试仪

(a) 主机；(b) 黄绿红阻性电流采样线；(c) 电流隔离器

二、试验接线

(一) 无线发射器（见图 B2）

图 B2 无线发射器

(a) 无线发射器和 TV 的接线；(b) TV 柜内接线

(1) 无线发射器的参考电压输入口接的四芯线接在母线电压互感器柜子上，分别按颜色对应接 A 相（黄色）、B 相（绿色）、C 相（红色）、中性点（黑色）。

如果 TV 二次是 B 相接地的，则黄色线可以接 A 或者 C 相，黑色线接地。

（2）插上发射天线，并打开电源开关按钮和发射按钮。

（二）主机（见图 B3）

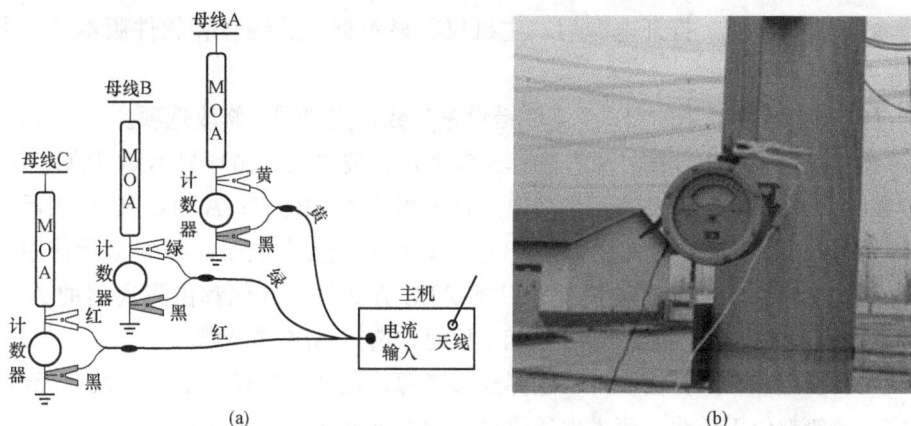

图 B3　主机

（a）接线示意图；（b）实物接线

1. 操作步骤

（1）在主机接线时，应先将主机接地。

（2）在主机上，电流输入接口接的四芯线分别接在被测避雷器的 A 相（黄色）、B 相（绿色）、C 相（红色）上，黑色线连接仪器的接地线。

（3）插上发射天线，并打开电源开关，准备试验。

2. 注意事项

（1）电压隔离器、主机使用前确保仪器有电，应开启电源开关查看电源指示灯是否点亮。

（2）电压隔离器、主机使用结束后应及时充电，确保仪器在随时待命状态。

（3）电压隔离器引线上串联了 100mA 的熔断器，如果熔断器损坏应查明原因，并更换相同规格的熔断器。

（4）主机必须可靠接地，若接地线有油漆或者锈蚀必须消除干净。

（5）主机试验接线时，应先接接地线再接仪器其他接线，接接地线时应先接地端再接仪器端；拆除试验接线时，应先拆仪器上其他接线再拆接地线，拆接地线时应先拆仪器端再拆接地端。更换试验接线时，应断开仪器电源再更换试验接线，先取下被试避雷器各相的试验接线再取下接仪器接地的试验接线。

（6）隔离器不插信号插头无法通电。无线传输时要先插天线后开发射开关。隔离器放到 TV 端子箱上比放到地面上能增加发射距离。

（7）试验环境、工作环境应符合安规规定。温度大于 5℃、湿度小于 80%。

三、试验操作

1. 操作步骤

（1）打开电源。打开电源后，主机仪器显示型号、编号和软件版本等，之后进入测试界面。

（2）设置参数。按"↑""↓"键设置参数，按"□"修改选项。

（3）设置参考相。按"↓"选择至参考栏，按"□"循环显示 A/B/C，A-B、B-C，ABC。A/B/C 表示参考电压是单相的 A、B、C；A-B、B-C 表示在 B 相接地的 TV 二次端，使用 A 对 B 或者 C 对 B 做参考电压；ABC 表示使用三相电压做参考。按隔离器使用要求，除 ABC 方式外，其他都由隔离器的 A 相（黄线）输入。当隔离器接 ABC 三相电压时，选择 ABC 参考模式。

（4）设置参考源：按"→"选择至参考源，按"□"循环显示有线、无线、感应。一般都使用无线，要求电压隔离器和主机仪器都要插上天线。

（5）设置待测相：按"↓"选择至待测栏，按"□"循环显示 A/B/C、ABC。A/B/C 表示单相测量，都用 A 相（黄线）输入电流；ABC 表示三相同时测量，ABC（黄绿红）引线分别输入三相电流。

（6）设置补偿方式：按"↓"选择至补偿栏，按"□"循环显示禁用补偿、手动补偿、自动边补（单相电流方式没有自动边补），同时右侧会显示 1 个或 3 个补偿角度。一般都设置自动边补。

（7）设置完以上参数之后即可进行试验测试。

2. 注意事项

（1）测试前应仔细检查试验接线是否正确无误，接地线是否牢靠。

（2）查看电压隔离器与主机仪器是否已连接上，如界面上 U_a、U_b、U_c 均显示相应电压则表示无线已连接完毕。

（3）实验前应查看仪表参数设置是否与本次试验的要求一致。

（4）主机和隔离器都可以边充电边工作，但不要在充电指示灯闪烁的时候工作。

（5）主机仪器只能用于低压小电流测试，所有引线必须远离高电压。

四、试验标准

依据 Q/GDW 1168《输变电设备状态检修试验规程》规定，通过与历史数据及同组间其他金属氧化物避雷器的测量结果相比较做出判断，彼此应无显著差异。当阻性电流增加 0.5 倍时应缩短试验周期并加强检测，增加 1 倍时应停电检查。

　　根据 φ 对金属氧化物避雷器的性能进行评判仍没有具体的国家标准。根据现场实测数据和经验对其进行对比，并制作表格，对比表见表 B1，仪器按照此表给出对金属氧化物避雷器评价，以供参考。

表 B1　　　　　　　　　　　　　对　比　表

结论	劣	差	中	良	优	有干扰
φ	0°～74.99°	75°～76.99°	77°～79.99°	80°～82.99°	83°～89.50°	＞89.50°

　　质量良好的金属氧化物避雷器出厂时，φ 约为 86°。现场测量大多数金属氧化物避雷器的 φ 约为 83°。一些数据表明，φ 低于 60° 时，金属氧化物避雷器接近发生热崩溃。

附录 C　AI-6310LC/LD 回路电阻测试仪操作手册

一、仪器介绍

AI-6310LC/LD 回路电阻测试仪如图 C1 所示，仪器箱内包括仪器主机一台，试验线两根。仪器主机顶部为试验线接口，其中 C1、C2 接电流线，P1、P2 接电压线。

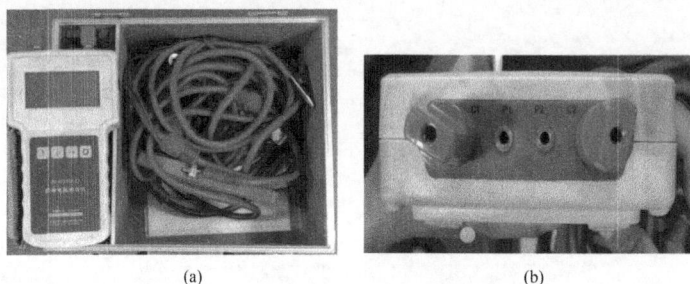

(a)　　　　　　　　　　　　　(b)

图 C1　AI-6310LC/LD 回路电阻测试仪
（a）正面及试验线；（b）侧面接线口

二、试验接线（见图 C2）

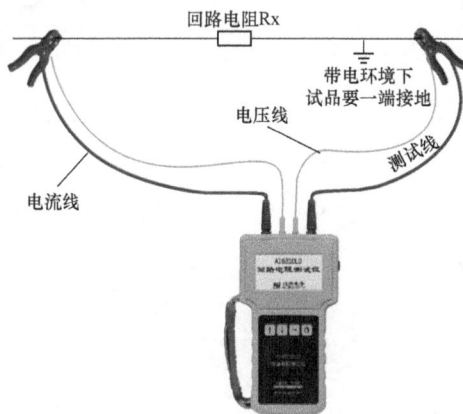

图 C2　试验接线

将两个测试钳夹到开关触点两端，注意若电压夹子、电流夹子是分开的，应将电压夹子夹在电流夹子内部；夹子夹上后应打磨夹持点，防止接触电阻过大。

三、试验操作（见图 C3）

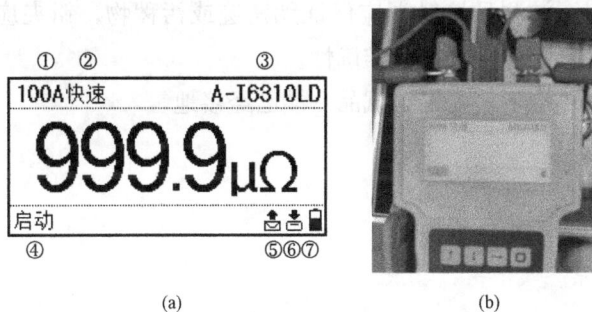

图 C3　操作界面

（a）界面示意图；（b）实物界面

（1）轻按"□"键打开电源，连续按 3s 以上关闭电源，如没有操作按键，3min 仪器自动关机。

（2）"→"键移动光标，"↑"和"↓"键修改光标处内容，"□"键用于确认。

（3）进入测量菜单：按"→"键，光标可在图 C3 所示的①②③④处移动，按"↑""↓"键或"□"键可修改光标内容。

（4）光标在图 C3 所示的①处，可选试验电流，可选 50A/100A，仪器开机默认 100A。正常测量可选 100A 以满足规程要求。

（5）光标在图 C3 所示的②处，选择"快速"或"10/20/30/40/50/60 秒"。其中，"快速"：启动后快速测量，测量结束显示数据，仪器开机默认快速。"10/20/30/40/50/60 秒"：启动后达到规定时间停止测量。中途可随时按"□"键中止。

（6）光标在图 C3 所示的④处，按"□"启动测量，仪器发出声光报警，并显示测量数据。测量数据一般为 4 位数字，单位自动选取。任何时候都可以按"□"键停止测量，再按"□"键返回测量菜单。

四、注意事项（安全隐患及应对方法）

（1）C1、C2 为电流输出接线端，最大 100A，P1、P2 为电压输入插孔，最大输入 5V。

（2）C1、P1 连接回路电阻的一端，C2、P2 连接另一端。C1/P1 和 C2/P2 可以调换。

（3）每条测试线的粗线连接电流接线柱，细线插入电压插孔。

（4）如果 C1、P1 之间或 C2、P2 之间接触不良，仪器拒绝测量，并提示仪器接触不良。应把插头拧紧。

（5）测量时，被测品接触端应保证无锈迹或污秽物，钳夹应与接触端充分接触磨合，以免影响测量数据的准确性。

（6）在带电环境下，要保证试品一端已经接地。

五、测试标准

测量数据的大小由厂家提供。

附录 D　DB‑8025C X169‑B 断路器特性分析仪操作手册

　　传统的开关特性测试仪测试时，断路器一端接测试仪开关状态采样线，一端接地，通过采样线的电平变化与速度传感器相配合，完成开关特性试验。当开关两侧接地开关无法打开时，仅能完成低电压动作试验，而 DB‑8025C X169‑B 断路器特性分析仪不仅能在断路器一侧接地时正常完成特性试验，而且能在两侧接地开关无法打开时完成断路器时间‑速度特性试验，具有极大的适用范围。因此，推广使用 DB‑8025C X169‑B 断路器特性分析仪并编制一份测试说明手册很有必要。

一、仪器原理

　　DB‑8025C X169‑B 断路器特性分析仪是以电磁感应为基本原理，以变压器为基本模型而进行设计的。

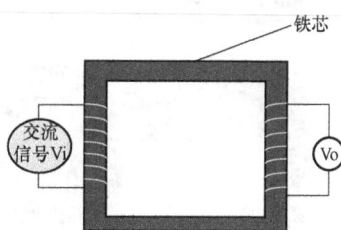

　　变压器铁芯闭合、开路模型如图 D1、D2 所示。在图 D1 所示模型中，当变压器一次侧有交流信号输入时，通过电磁感应，磁场通过闭合的铁芯将在变压器二次侧产生一定强度的感应电动势。在图 D2 所示模型中，当变压器一次侧有交流信号输入时，虽然有电磁感应的存在，由于铁芯没有闭合，导致漏磁存在，变压器二次侧将感应出较低的电动势。

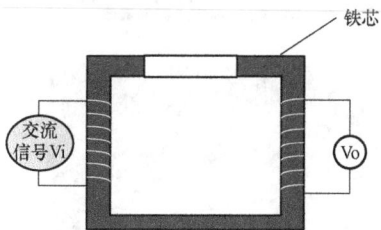

图 D1　变压器铁芯闭合模型　　　　图 D2　变压器铁芯开路模型

　　当断路器合闸时，等效变压器模型的铁芯闭合，变压器一次侧（信号发生器）产生高频信号，变压器二次侧（电流采样器）将感应到较强的高频电流信号。当断路器分闸时，等效变压器模型的铁芯断开，虽然变压器一次侧有高频信号，由于铁芯不闭合，磁通很小，采样器采集不到有效信号。因此，通过监测电流采样器输出信号的强弱，可以推断出断路器是否闭合，双端接地接线示意图如图 D3 所示。

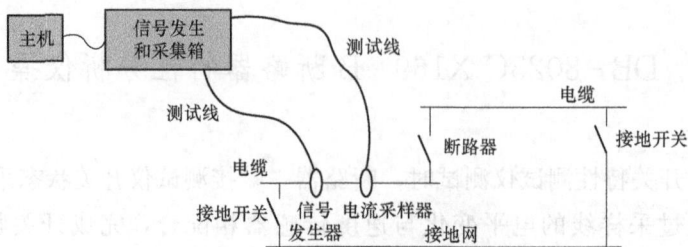

图 D3 双端接地接线示意图

二、仪器介绍

（一）仪器主要元器件（见图 D4）

（1）图 D4（c）所示的罗氏线圈作用于传统断路器测试仪的采样线，将采集到的高频信号发给图 D4（a）所示的测试主机，进行数据分析。

（2）图 D4（b）所示橙色钳子夹在一侧接地开关铜排上，通过测试线连接至图 D4（d）所示的 DBXX-2 信号发生器，用于高频信号的产生。

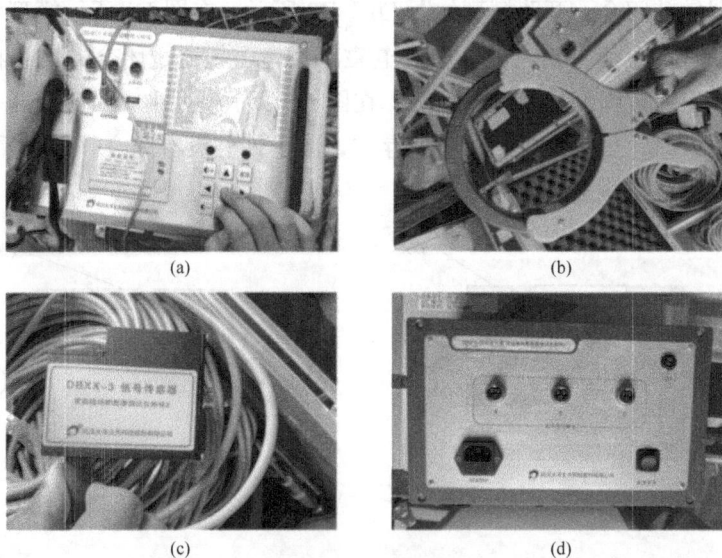

(a)

(b)

(c)

(d)

图 D4　DB-8025C X169-B 断路器特性分析仪各元器件

（a）测试主机；（b）橙色钳子；（c）带有 DBXX-3 信号传感器的罗氏线圈；

（d）DBXX-2 信号发生器

（二）主机面板（见图 D5、表 D1）

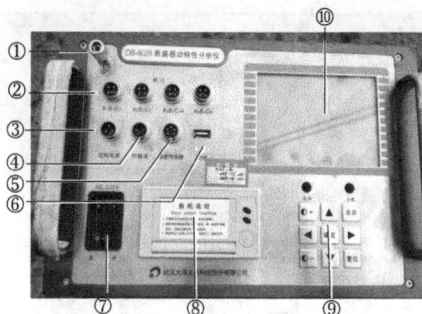

图 D5　主机面板

表 D1　　　　　　　　　　　　主机面板功能说明

序号	面板标志	功能说明
①	保护接地端	与大地相接
②	A1B1C1、A2B2C2、A3B3C3、A4B4C4	12 路断口时间测量通道
③	控制电源	仪器内部提供合分闸控制直流电源
④	外触发	外触发方式时，直接并接到分、合线圈两端，取线圈上电信号作为同步信号
⑤	速度传感器	速度传感器的信号输入
⑥	USB 接口	用于导出试验数据和固件升级
⑦	电源开关	输入电源 220V±10％，50Hz±10％，25A
⑧	打印机	打印测试报告及图谱
⑨	功能键模块	◀▶左右移动光标 ▲▼上下移动光标或增、减当前光标处数值 ［确定］选择当前菜单或确认操作 ［返回］返回上级菜单或取消操作 ［复位］仪器复位
⑩	液晶显示屏	大屏幕、宽温带、背景光液晶、全中文显示所有数据及图谱

（三）侧面各模块（见图 D6、表 D2）

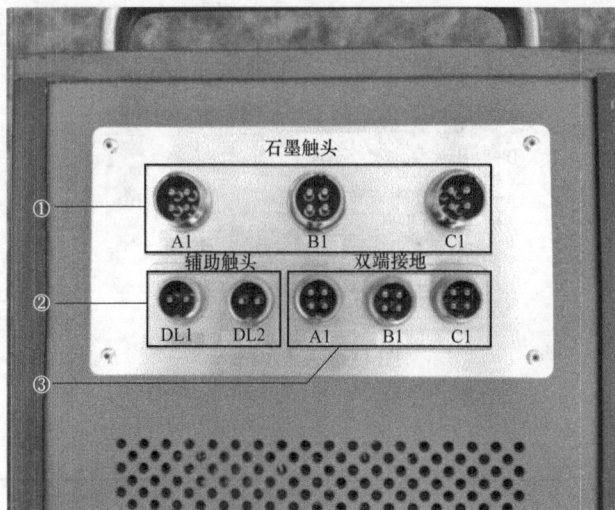

图 D6　仪器侧面各测试模块

表 D2　　　　　　　　　　　　　侧面各模块功能说明

序号	面板标志	功能说明
①	石墨触头模块	西门子 220kV 断路器等石墨触头断路器的特性试验
②	辅助触点模块	用于同期性测量
③	双端接地模块	用于完成两侧接地开关不能分闸情况下断路器特性试验

三、试验接线（见图 D7）

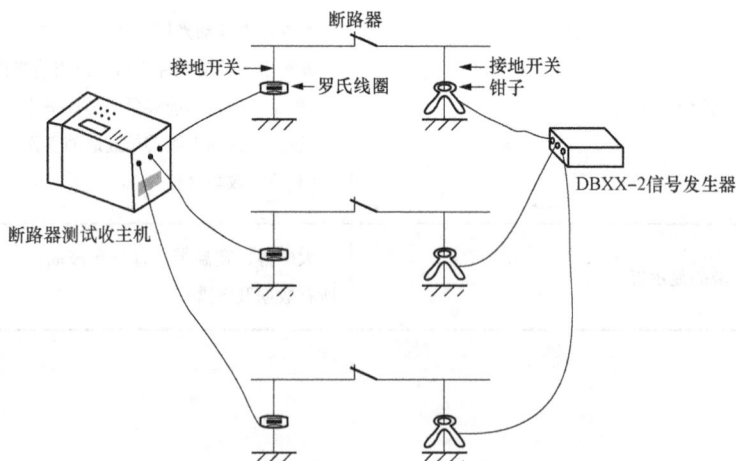

图 D7　三断口断路器双端接地示意图

（1）将橙色钳子夹在一侧接地开关铜排上，通过测试线连接至 DBXX‑2 信号发生器。

（2）在 DB‑8025 测试仪右侧双端接地接线模块通过罗氏线圈测试线（附有 DBXX‑3 信号传感器）连接至开关另一侧接地开关铜排，完成接线。现场实际接线如图 D8 所示。

图 D8　现场实际接线

四、试验操作

（一）测试设置

1. 速度定义

根据不同厂家提供的速度定义进行设置，速度定义设置如图 D9 所示。设置路径：设置→测试设置→速度定义。

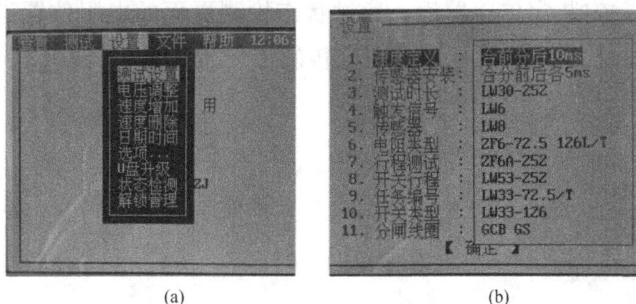

（a）　　　　　　　　　　　（b）

图 D9　速度定义设置

（a）测试设置；（b）速度定义

对于之前从未用过的速度定义，可以采用仪器的速度增加模块进行自定义，速度增加设置如图 D10 所示。设置路径：设置→速度增加。

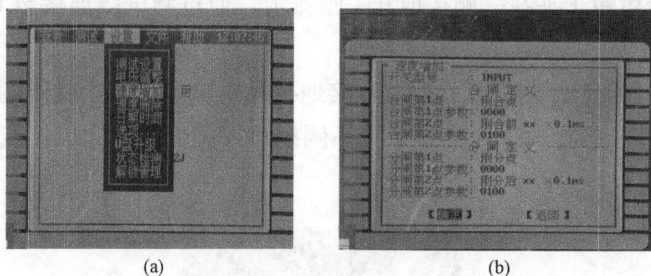

(a) (b)

图 D10 速度增加设置

(a) 设置页面；(b) 设置后显示界面

2. 传感器

根据安装的传感器类型进行选择，一般选择旋转电阻，传感器设置如图 D11 所示。值得注意的是，选错传感器类型将使测得的分合闸速度产生严重偏差。设置路径：设置→测试设置→传感器。

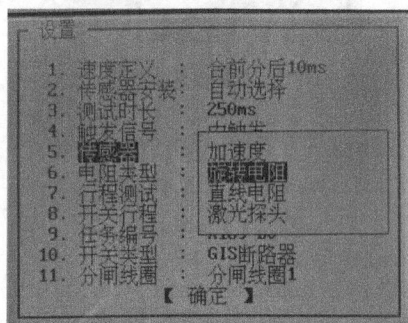

图 D11 传感器设置

设置完毕并安装完传感器后，通过状态检测页面的电阻位置进行调整，设置路径：设置→状态检测→电阻位置。传感器位置调整如图 D12 所示，电阻最佳位置为 2—3。

(a) (b)

图 D12 传感器位置调整

(a) 实物；(b) 设置屏幕

3. 电阻类型

选择双端接地，电阻类型设置如图 D13 所示。设置路径：设置→测试设置→电阻类型→双端接地。

4. 开关行程

根据不同厂家提供的开关行程进行设置，开关行程设置如图 D14 所示。设置路径：设置→测试设置→开关行程。

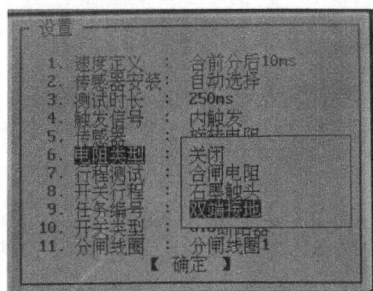

图 D13　电阻类型设置　　　　　　图 D14　开关行程设置

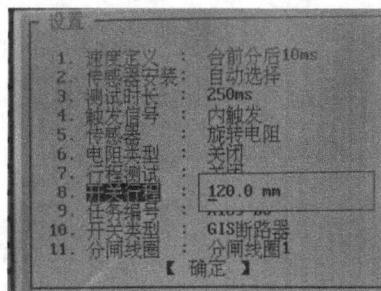

5. 开关类型

根据断路器的类型进行选择，开关类型设置如图 D15 所示。设置路径：设置→测试设置→开关类型。

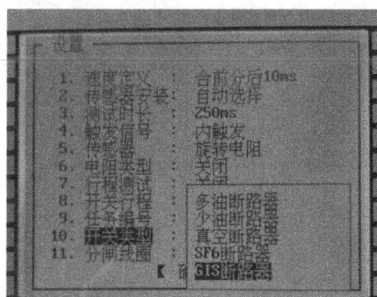

图 D15　开关类型设置

6. 双端接地信号分辨力

选择合适的分辨力使得断路器在合闸位置时断口状态栏中 A1、B1、C1 的数值在 6 左右，双端接地信号分辨力调整如图 D16 所示。设置路径：设置→状态检测→双端接地信号分辨力。其中，一般分辨力默认选择中（3.0）。

需要注意的是，此步骤需在电阻类型设置为双端接地后进行，否则状态检测页面不存在双端接地信号分辨力一栏。

图 D16　双端接地信号分辨力调整
(a) 分辨力；(b) 断口状态

(二) 测试步骤

1. 分闸速度、时间

选择路径：测试→分闸测试，弹出测试状态栏，检查各项设置无误后按下确定按钮，分闸速度、时间测试设置如图 D17 所示。

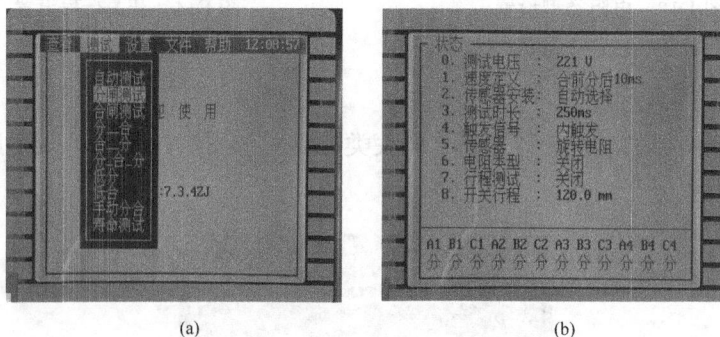

图 D17　分闸速度、时间测试设置
(a) 分闸测试设置；(b) 状态

2. 合闸速度、时间

选择路径：测试→合闸测试，弹出测试状态栏，检查各项设置无误后按下确定按钮，合闸速度、时间测试设置如图 D18 所示。

3. 低电压分闸动作试验

选择路径：测试→低分，根据控制电源数值调整至 30% 电压后，选择对应相别与动作电压试验选项，确定后再选择合适步长，无误后按下确定按钮开始试验，低电压分闸动作试验设置如图 D19 所示。

4. 低电压合闸动作试验

选择路径：测试→低合，根据控制电源数值调整至 30% 电压后，选择对应相别与动作电压试验选项，确定后再选择合适步长，无误后按下确定按钮开始试验，低电压合闸动作试验如图 D20 所示。

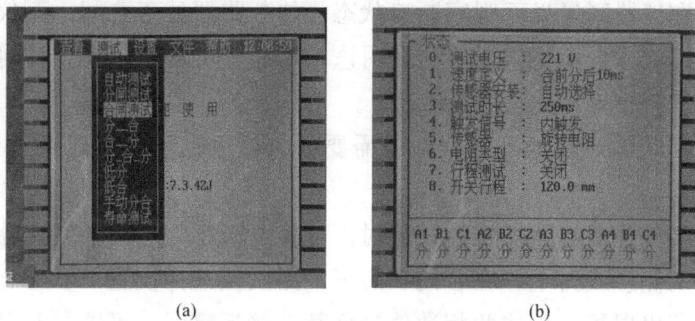

图 D18　合闸速度、时间测试设置

(a) 合闸测试设置；(b) 状态

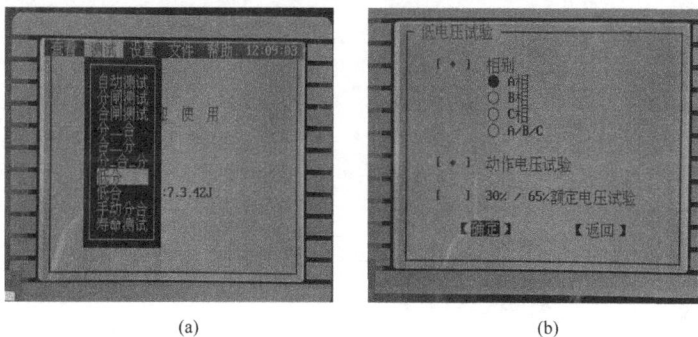

图 D19　低电压分闸动作试验设置

(a) 低分设置；(b) 试验数据

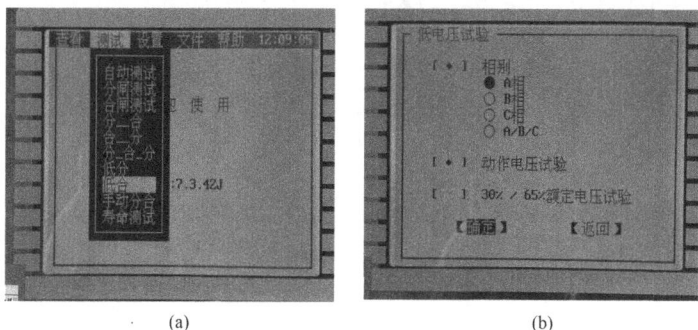

图 D20　低电压合闸动作试验

(a) 低合设置；(b) 试验数据

五、注意事项

（1）可在仪器测量界面观察断口状态：如断路器处于合闸，而仪器检测到某相为分闸，或分合不停闪烁，这表明该相接地开关接触不良，此时可以再使用粗铜线把该相接地开关两端短接起来。

（2）三相联体式接地开关一般只需要一个橙色夹子，如遇到分相式结构，则信号发生器需接三个橙色夹子。

（3）用于敞开式断路器特性试验时，可将罗氏线圈与信号发生器钳子分别装在断路器两侧接线排上，在合闸状态下，测试仪选择设置→状态检测，查看断口状态，若出现某一相或两相数值过低甚至接近零时，可能是某侧的接地接触不良，可通过合分几次接地开关或自己外加接线接地来解决。

附录 E　DHV 直流高压发生器操作手册

一、仪器介绍

DHV 直流高压发生器如图 E1 所示，仪器箱内包括整流单元、整流单元顶部微安表、控制箱及各接线。

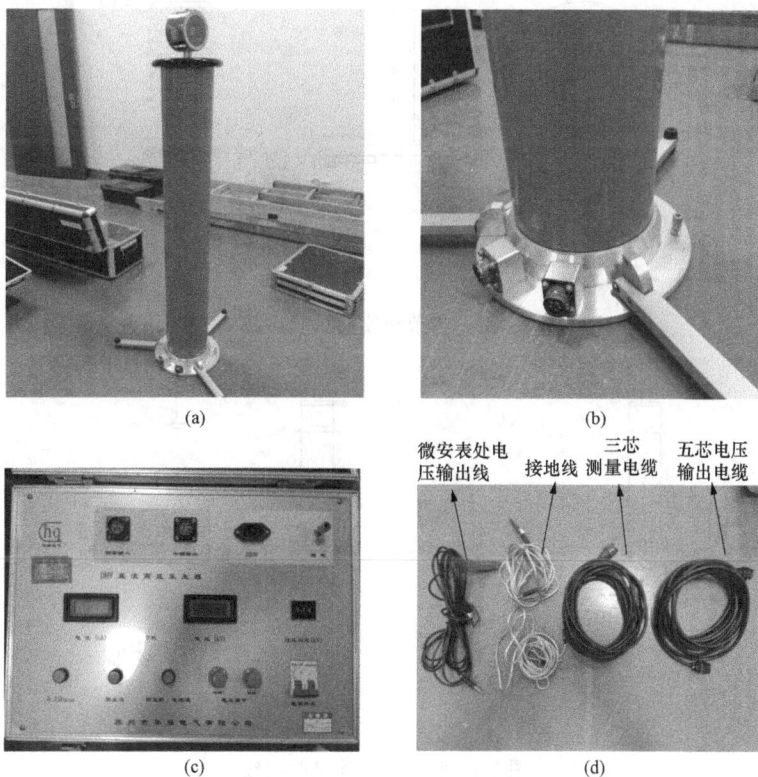

图 E1　DHV 直流高压发生器

(a) 整流单元；(b) 整流单元顶部微安表；(c) 控制箱；(d) 接线

二、试验接线

(1) 单节避雷器试验接线如图 E2 所示，控制箱通过三芯测量电缆及五芯电压输出电缆与整流单元相连，交流电压整流完之后，通过整流单元顶部微安表联结电压输出线输出电压；测量 110kV 单节避雷器时，按图 E2 接线。

(2) 220kV 两节避雷器采用不拆高压引线试验，此时需两个微安表。两节避雷器试验接线如图 E3 所示。

（3）当测量上节避雷器时，避雷器顶部接地，下节避雷器接地打开，或在下节避雷器接地处接限流电阻和微安表，如图 E3（a）所示，避雷器中部加压。

（4）当测量下节避雷器时，在下节避雷器接地处接微安表，如图 E3（b）所示，避雷器中部加压。

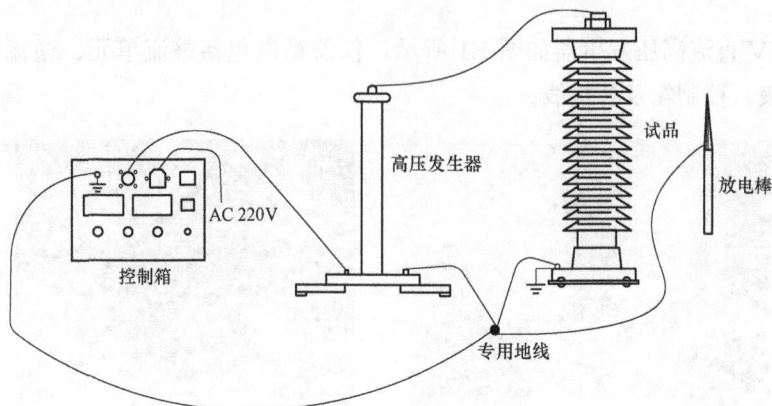

图 E2　单节避雷器试验接线

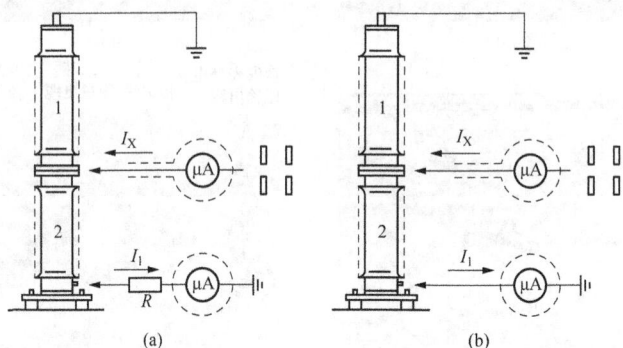

图 E3　两节避雷器试验接线

（a）上节；（b）下节

三、试验操作

（1）试验器在使用前应检查其完好性，连接电缆不应有断路和短路，设备无破裂等损坏。

（2）将机箱、倍压筒放置到合适位置，并分别连接好电源线、电缆线和接地线，保护接地线、工作接地线和放电棒的接地线均应单独接到试品的地线上（即一点接地）。严禁各接地线相互串联。为此，应使用 DHV 专用接地线。

(3) 电源开关放在关断位置并检查调压电位器应在零位。过电压保护整定值一般为试验电压的 1.1 倍。

(4) 空载升压验证过电压保护整定是否灵敏。

(5) 接通电源开关，此时绿灯亮，表示电源接通。

(6) 按红色按钮，则红灯亮，表示高压接通。

(7) 顺时针方向平缓调节调压电位器，输出端即从零开始升压，升至所需电压后，按规定时间记录电流表读数，并检查控制箱及高压输出线有无异常现象及声响。

(8) 降压，将调压电位器回零后，随即按绿色按钮，切断高压并关闭电源开关。

(9) 对试品进行泄漏及直流耐压试验。在进行检查试验确认试验器无异常情况后，即可开始进行试品的泄漏及直流耐压试验。将试品、地线等连接好，检查无误后即打开电源。

(10) 升压至所需电压或电流。升压速度以 $3\sim5kV/s$ 为宜。对于大电容试品升压时还需监视电流表充电电流不超过试验器的最大充电电流。对小电容试品，如氧化锌避雷器、磁吹避雷器等先升至所需电压（电流）的 95%，再缓慢仔细升至所需的电压（电流），然后从数显表上读出电压（电流）。如需对氧化锌避雷器进行 $0.75U_{1mA}$ 测量时，先升至 U_{1mA}，然后按下黄色按钮，此时电压即降至原来的 75%，并保持此状态，此时可读取电流。测量完毕后，调压电位器逆时针回到零，按下绿色按钮。需再次升压时按红色按钮即可。必要时用外接高压分压器比对控制箱上的电压。

(11) 试验完毕，降压，关闭电源。

(12) 保护动作后的操作，在使用过程中发现红灯灭、绿灯亮、电压下降，即为有关保护动作，此时应关闭电源开关，面板指示灯均不亮。将调压电位器退回零位，1min 后待机内低压电容器充分放电后才允许再次打开电源开关。重新进行空载试验并查明情况后可再次升压试验。

四、注意事项

(1) 泄漏电流测试线应使用屏蔽线，测试线与避雷器夹角应尽量大。

(2) 升压过程中应监视电流表，防止超过其容量。

(3) 串补平台上各限压器距离较近，且限压器与其他设备（如电容器组）距离较近，接线时应充分考虑绝缘措施，防止加压线或限压器高压端对邻近设备放电。

(4) 试验结束断开电源后，应对被试避雷器或限压器邻近设备及加压线进行充分放电。

（5）高压输出引线，接线时应绑扎牢靠，防止脱落触电伤人。

五、试验标准

（1）U_{1mA}初值差不超过±5％且不低于 GB/T 11032《交流无间隙金属氧化物避雷器》的规定值（注意值）。

（2）$0.75U_{1mA}$泄漏电流初值差：≤30％或≤50μA（注意值）。

附录 F　HDRZ - B 变压器绕组变形操作手册

一、检测原理

变压器绕组在较高频率的电压作用下，每个绕组均可视为一个由线性电阻、电感（互感）、电容等分布参数构成的无源线性双口网络，其内部特性可通过传递函数 $H(j\omega)$ 进行描述。如果绕组发生变形，绕组内部的分布电感、电容等参数必然改变，导致其等效网络的传递函数 $H(j\omega)$ 的零点和极点发生变化，从而使网络的频率响应特性发生变化。

用频率响应分析法检测变压器绕组变形，是通过检测变压器各个绕组的幅频响应特性，并对检测结果进行纵向或横向比较，根据幅频响应特性的变化程度，判断变压器可能发生的绕组变形。

变压器绕组的幅频响应特性采用扫频检测方式获得，幅频响应特性的基本检测回路如图 F1 所示。连续改变外施正弦波激励源 V_s 的频率 f（角频率 $\omega = 2\pi f$），测量在不同频率下的响应端电压 V_2 和激励端电压 V_1 的信号幅值之比，获得指定激励端和响应端情况下的绕组幅频响应特性。测得的幅频响应特性曲线常用对数形式表示，即对电压幅值之比进行如下处理

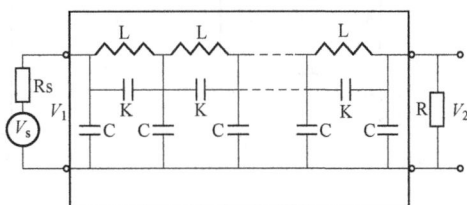

图 F1　幅频响应特性的基本检测回路

L、K、C—绕组单位长度的分布电感、分布电容、对地分布电容；V_1、V_2—等效网络的激励端电压和响应端电压；V_s—正弦波激励信号源电压；Rs—信号源输出阻抗；R—匹配电阻

$$H(f) = 20\log[V_2(f)/V_1(f)] \tag{F1}$$

式中：$H(f)$ 为频率 f 时传递函数的模 $|H(j\omega)|$；$V_2(f)$ 和 $V_1(f)$ 为频率为 f 时响应端和激励端电压的峰值或有效值 $|V_2(j\omega)|$ 和 $|V_1(j\omega)|$。

二、试验接线（见图 F2）

（1）变压器绕组变形检测须在直流试验项目之前或者在变压器绕组得到充分放电（2h 以上）以后进行，否则将会影响检测数据的重复性甚至导致检测仪器损坏。

（2）检测前应拆除与变压器套管端头相连的所有引线，并使拆除的引线尽

可能远离被测变压器套管。对于套管引线无法拆除的变压器，可利用套管末屏作为响应端进行检测，但应注明，并应与同样条件下的检测结果做比较。

（3）变压器绕组的频率响应特性与分接开关的位置有关，建议在最高分接位置下测量，或者应保证每次测量时分接开关均处于相同的位置。

（4）因测量信号较弱，激励信号和响应信号测量端应与变压器绕组端头可靠连接，减小接触电阻。

（5）输入单元和检测单元的接地线应与变压器外壳油箱可靠连接，不允许存在大于 1Ω 以上的接触电阻，接地线应尽可能短且不应缠绕。通常建议连接在变压器顶部的铁芯接地铜排位置，严禁随意缠绕在油箱表面的螺栓上。

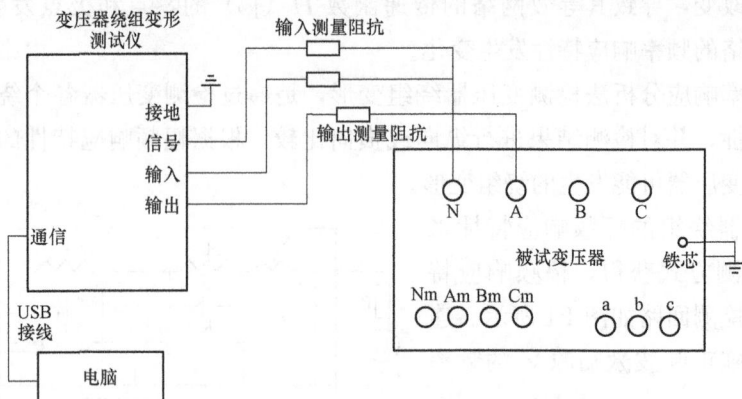

图 F2　BRTC-11 变压器绕组变形综合测试仪试验接线

三、试验操作

（1）选定被测变压器的激励端（输入端）和响应端（测量端）。

（2）通过两根裸铜线把输入电缆和检测电缆所带有的"GND"端共同连接在变压器油箱金属外壳上，保证与外壳可靠连接（接触电阻不大于 1Ω），接地线应尽可能短且不应缠绕。通常建议连接在铁芯接地引出端的接地铜排位置，严禁随意缠绕在油箱外壳的金属螺栓上。

（3）通过两把接线钳把输入电缆和检测电缆分别连接到选定的激励端和响应端套管端头。

（4）通过同轴电缆把输入单元的 V_s、V_1 端对应地与测试仪 V_s、V_1 端口连接，把检测单元的 V_2 端对应地与测试仪 V_2 端口连接。

（5）启动计算机中的 TDTView7 程序，操作"测量"菜单中的［启动测量］项或相应的快捷键即可启动测量。

四、接线方法（见图 F3）

（1）Yn 接线：扫频信号输入阻抗于中性点 O，扫频输出阻抗分别接在 A、B、C，这种方法可以将非测量相上接收到的干扰信号由信号发生器上的低阻抗吸收。

（2）Y 接线：由于中性点未引出，应按以下方式接线：①输入阻抗接 A，输出阻抗在 B 测试；②输入阻抗接 B，输出阻抗在 C 测试；③输入阻抗接 C，输出阻抗在 A 测试。

（3）内连接△接线：①输入阻抗接 c，输出阻抗在 a，代表 a 相；②输入阻抗接 a，输出阻抗在 b，代表 b 相；③输入阻抗接 b，输出阻抗在 c，代表 c 相。

（4）外连接△接线：①输入阻抗接 x，输出阻抗接 a，代表 a 相；②输入阻抗接 y，输出阻抗接 b，代表 b 相；③输入阻抗接 z，输出阻抗接 c，代表 c 相。

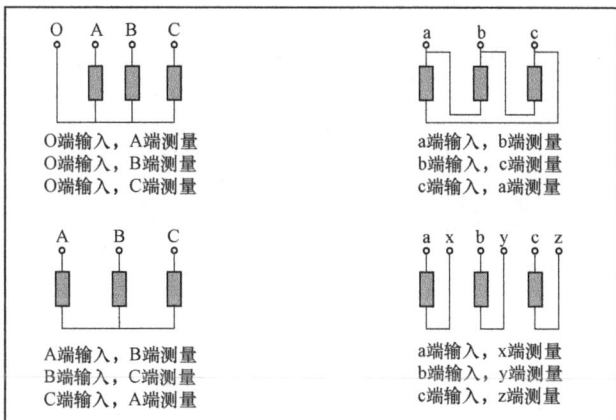

图 F3　接线方法

五、注意事项

（1）应保证测量阻抗的接线钳与套管线夹紧密接触，线夹上有锈迹必须使用纱布或干净的棉布擦拭干净，各相搭接位置应相同。

（2）测试时应确认周边无大型用电设备干扰试验电源。

（3）变压器铁芯必须与外壳可靠接地。测试仪外壳、测量阻抗外壳与变压器外壳可靠接地。

（4）测试时注意信号源位置的影响，"U"端输入、"N"端输出和"N"端输入、"U"端输出的曲线是不同的。

（5）对于有平衡绕组的变压器在测量时，应将平衡绕组接地断开。

（6）绕组变形测试应在解开变压器所有引线的前提下进行，并使这些引线尽可能地远离变压器套管（接地体和金属悬浮物需远离变压器套管 20cm 以上）。

（7）绕组变形测试应放在直流类试验之前或交流类试验之后。

（8）试验中若变压器三相频响特性不一致，应检查设备后重测，直至同一相 2 次试验结果一致。

六、试验标准

（1）对于 35kV 及以下电压等级变压器，宜采用低电压短路阻抗法。

（2）对于 66kV 及以上电压等级变压器，宜采用频率响应法测量绕组特征图谱。

附录 G　HZST57 避雷器放电计数器动作特性测试仪操作手册

一、仪器介绍

避雷器放电计数器动作特性测试仪用于校验各种避雷器计数器动作的可靠性。计数器动作的可靠性对于电力系统非常重要，它是记录避雷器在正常运行中受到雷击次数统计的一个重要参数，它能有针对性地为电力系统的工作人员提供对避雷器进行检验的重要依据。HZST57 避雷器放电计数器动作特性测试仪如图 G1 所示。相关功能介绍如下：接地端子，用于仪器接地；充电指示灯，充电时为红色，黄色为充满；显示屏，显示参数的界面；对比度调节，调节显示屏的对比度；USB 接口，用于仪器检测数据导出；充电接口，用于仪器充电；泄漏电流输出，用于泄漏电流测试接线；电源开关，用于仪器开关；放电试验输出，用于放电试验接线；三件式转鼠，通过旋转该按钮用于参数的大小调节。

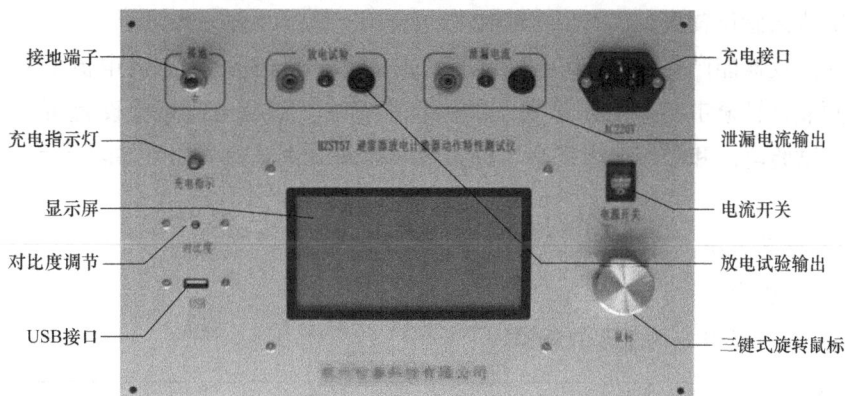

图 G1　HZST57 避雷器放电计数器动作特性测试仪

二、试验步骤

（1）将仪器面板的接地端与大地可靠相连。

（2）将试验线与面板测试接口可靠连接。

（3）开启仪器电源。

（4）选择菜单栏中的测试项目，进入测试设置。

（5）点击"确定"开始测试。

（6）读取测试完成后的数据并记录。

（7）退出测试，光带返回菜单栏。

（8）关闭电源，拆除测试接线。

三、试验操作

（1）光带选中"放电试验"菜单，短按确定键，进入图 G2 所示的放电试验设置页，在该页的窗口中可以设定放电次数、放电幅度和保持电流，点击"确定"选项进入放电功能输出，点击"取消"退出放电试验设置页。放电幅度用于调节放电电压的输出大小，保持电流用于某些避雷器监测器的放电试验需要在输出冲击电压之前预加电流的情况，不用时设置为 00。

（2）仪器能产生 8/20μs、50～100A 的冲击电流波形作用于动作计数器，用于校验和测试氧化锌避雷器监测器的放电计数功能。如图 G3 所示的放电试验测试界面，仪器先开启内部电源，给 20μF 电容充电，再通过继电器输出至放电试验端口。同时界面显示当前设定放电次数和已完成放电次数，当放电完成后提示试验完成，此时可按确定键返回主菜单。

（3）光带移动到主页的"泄漏电流"菜单，短按确定键，进入图 G4 所示的泄漏电流试验设置页。

（4）仪器能产生 0.1～10mA 的直流或交流 50Hz 标准正弦波电流信号，用于检测氧化锌避雷器监测器毫安表的测量准确度。泄漏电流试验设置页有试验电压、试验电流和限流电阻三个可选参数，泄漏电流试验页如图 G5 所示，其具体选项如下：

1）试验电压：直流、交流。

2）试验电流：1～10mA。

3）限流电阻：1、10、100kΩ。

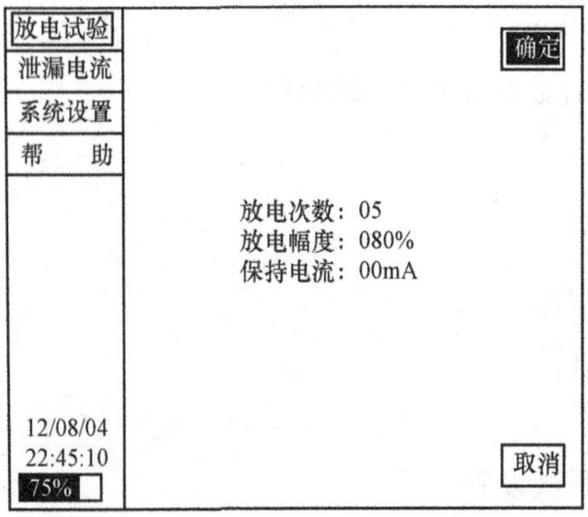

图 G2　放电试验设置页

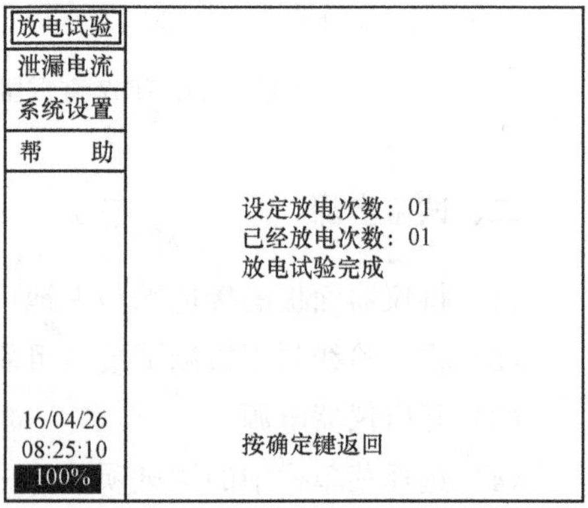

图 G3　放电试验测试界面

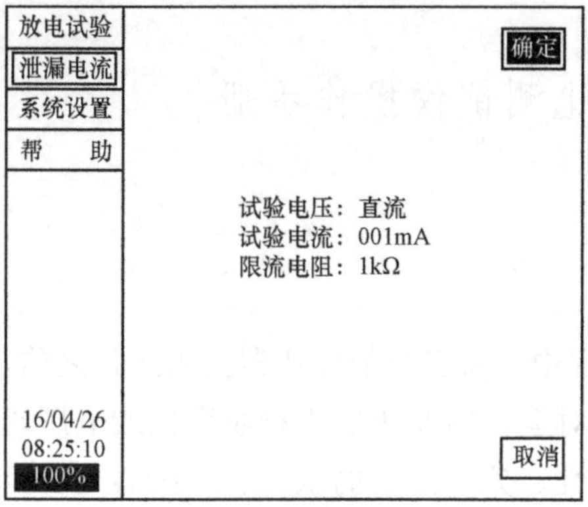

放电试验		确定
泄漏电流		
系统设置		
帮　　助		

试验电压：直流
试验电流：001mA
限流电阻：1kΩ

16/04/26
08:25:10
100%

取消

图 G4　泄漏电流试验设置页

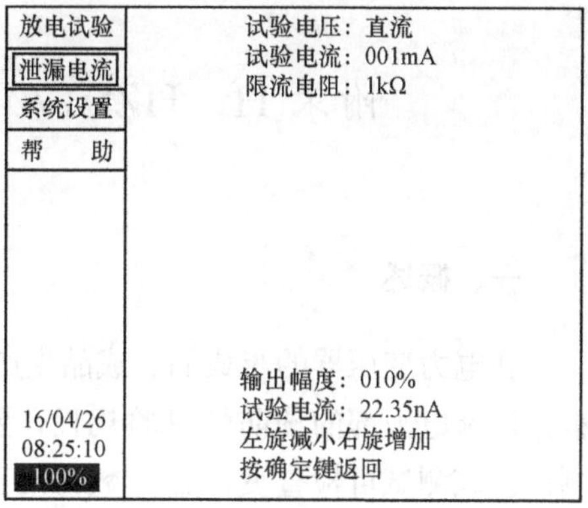

放电试验	试验电压：直流
泄漏电流	试验电流：001mA
系统设置	限流电阻：1kΩ
帮　　助	

输出幅度：010%
试验电流：22.35nA
左旋减小右旋增加
按确定键返回

16/04/26
08:25:10
100%

图 G5　泄漏电流试验页

（5）试验电压设置用于选择输出电流是直流还是交流。试验电流设置用于设定输出的最大电流值，应尽可能根据实际所需校验的最大电流进行设置，当实际输出电流大于设定电流的 1.2 倍时，输出电压幅度锁定，不再允许增加，以保护内部电路，但可以减小。限流电阻设置用于选择串接在回路中的限流电阻，当输出幅度达到 100% 时，输出电流仍无法达到所需校验的电流时，应选择小一档的限流电阻，从而达到提高输出电流的目的。

四、试验标准

（1）金属氧化物避雷器对应于直流参考电流下的直流参考电压，整支或分节进行的测试值不应低于 GB/T 11032《交流无间隙金属氧化物避雷器》的规定，并符合产品技术条件的规定。实测值与制造厂规定值比较，变化不应大于 $\pm 5\%$。

（2）0.75 倍直流参考电压下的泄漏电流值不应大于 $50\mu A$，或符合产品技术条件的规定。

（3）试验时若整流回路中的波纹系数大于 1.5% 时，应加装滤波电容器，可为 $0.01 \sim 0.1\mu F$，试验电压应在高压侧测量。

附录 H　HZST70 变比测试仪操作手册

一、概述

在电力变压器的半成品、成品生产过程中，新安装的变压器投入运行之前，根据国家电力部的预防性试验规程，要求对运行的变压器进行匝数比或电压比测试。该测试可检查变压器匝数比的正确性、分接开关的状况、变压器是否匝间短路、变压器是否可以并列运行。

匝数比或电压比测试主要采用变比测试仪，HZST70 变比测试仪控制面板如图 H1 所示，具体各模块介绍如下：

（1）显示屏：7 寸高清彩色触屏液晶，数字调节背光，显示操作菜单和测试结果。

（2）高压端：接测试线黄、绿、红、黑四色接线柱，对应接被测变压器高电压侧的 A、B、C、O。

（3）低压端：黄、绿、红、黑对应接被测变压器低电压侧 a、b、c、o。

（4）AC 220V：整机电源输入口，接 AC 220V 工频电源。

（5）保护接地柱。

（6）通信：采用串口通信。

（7）USB：U 盘存储。

（8）打印机：测量完成后打印测试结果。

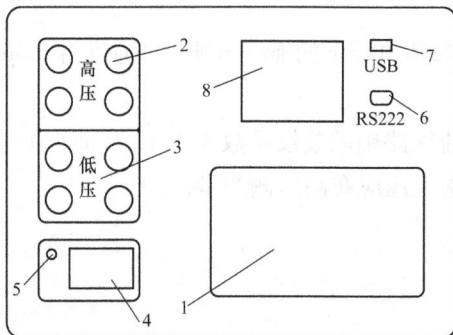

图 H1　HZST70 变比测试仪控制面板

1—显示屏；2—高压端；3—低压端；4—AC 220V；

5—保护接地柱；6—通信；7—USB；8—打印机

二、操作说明

1. 菜单描述

仪器开机后显示如图 H2 所示开机界面，开机界面共有六个功能选项，包括【三相测量】【单相测量】【Z 型变】【时间设置】【数据查询】【系统设置】六个功能选项，点击任意功能按键进入设置。

图 H2　开机界面

2. 功能项介绍

（1）三相测量界面。点击图 H2 所示的【三相测量】进入三相测量界面，三相测量界面如图 H3 所示，文本框可弹出输入键盘，可输入特殊值，标准值可以按右侧 ■ 按钮更改。

（2）【单相测量】【Z 型变】和【三相测量】设置方法基本相同，此处不再赘述。

（3）变比测试完成界面如图 H4 所示。

1）测试完成按【返回】键回到开机界面，点击【测试】键重新测试，点击【存储】键，将数据存储到仪器和 U 盘中，点击【打印】键可以打印测试数据。

2）匝比测试：在完成测试界面中，点击【变比】自由切换成【匝比】，匝比数据即时更新，匝比三相测量界面如图 H5 所示。

（4）数据查询。点击【数据查询】进入如图 H6 所示的查询界面。

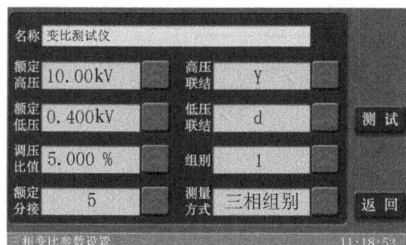

图 H3　三相测量界面

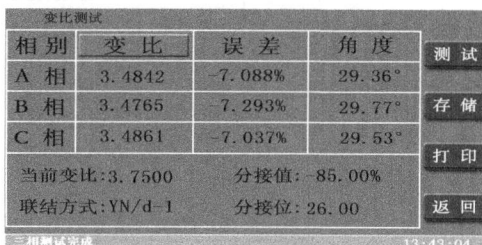

图 H4　变比测试完成界面

图 H5　匝比三相测量界面

图 H6　查询界面

（5）其他按钮。【变比】：点击变比按钮可切换成匝比数据；【上一条】【下一条】：可以查看和打印历史数据；【转存】是将当前数据存储到 U 盘。

三、接线说明

（1）三相变压器：联结方式为 Yd11，电压组合 110±8×1.25％/10.5 的变压器，三相变压器 Yd11 接线如图 H7 所示。

（2）单相变压器：电压组合 525/√3±4×2.50％/20，单相变压器接线如图 H8 所示。

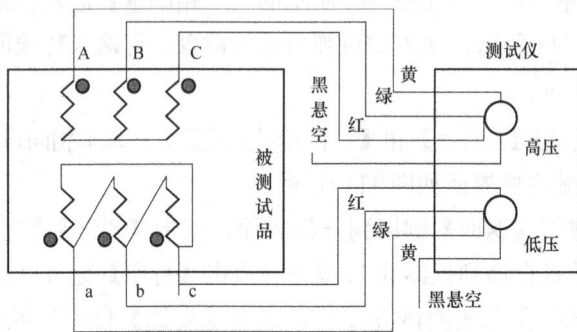

图 H7　三相变压器 Yd11 接线

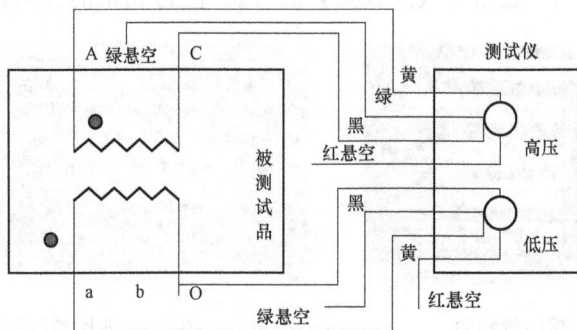

图 H8　单相变压器接线

（3）Z 型变压器：Z 型变压器接线如图 H9 所示。

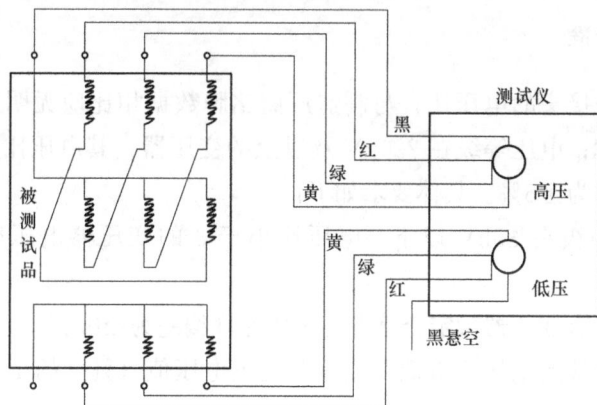

图 H9　Z 型变压器接线

四、注意事项

（1）对于具有多个分接点的变压器，等分接级、分接类型、额定高低压电压的输入，是为了使测试结果可以自动计算出误差和分接开关所处的分接位，一旦额定数据输入，则测试各个分接点时都可以自动计算出该点的误差和该点是哪一个分接点（即分接位是几），不必再做数据改动。

（2）等分接级：也称分接距离，电压组合 110±8×1.25％/10.0 的变压器，1.25％即等分接级。

（3）分接类型：电压组合 110±8×1.25％/10.0 的变压器，等分接级为 8+1 即 9，即输入额定接位皆可，这样对于额定分接位置不在中间点的变压器，对于分接位置的测量也不会出现错误。

（4）变比：给试品施加三相电时，所测得的高压与低压的电压比值关系，匝比则是高压与低压绕组所绕圈数的比值关系。对于高压是星形联结（不论是否具有中性点）、低压是三角形联结的变压器来说，变比是匝比的 $\sqrt{3}$ 倍。对于低压是星形联结（不论是否具有中性点）、高压是三角形联结的变压器来说，匝比是变比的 $\sqrt{3}$ 倍。

（5）对于带中性点的变压器，如 YNd11 的变压器，按 YNd11 测量和按 Yd11 测量，结果有偏差，理论分析按 Yd11 更好。

（6）有载分接开关 19 档的变压器，若 9、10、11 分接是同一个值，仪器输入分接类型时应输入 9。

（7）分接开关在低压侧的变压器，显示分接位置和实际分接位置倒置。

（8）电压等级低的变压器，当输入电压有效位数不够用时，可将高低压电压同时乘 10 或 100 等常数后输入。

五、试验标准

检查所有分接头的电压比，与制造厂商铭牌数据相比应无明显变化差且符合电压比的规律；电压等级在 220kV 及以上的变压器，其电压比允许误差在额定分接头位置时为±5%。具体要求如下：

（1）电压等级在 35kV 以下，电压比小于 3 的变压器电压比允许偏差为±1%。

（2）其他所有变压器额定分接下电压比允许偏差为±0.5%。

（3）其他分接的电压比应低于变压器阻抗电压值（%）的 1/10，但不得超过±1%。

附录 I　HZST200 有载分接开关测试仪操作手册

一、仪器介绍（见图 I1）

HZST200 有载分接开关测试仪如图 I1 所示，仪器各部分介绍如下：

（1）测试端子：上面一排是恒流源输出端子，下面一排是电压信号采样输入端子。

（2）接地端子：测试时，应与地线可靠连接。

（3）通信接口：标准 USB 接口，可接 U 盘或直接与上位机通信。

（4）显示屏：320×240 点阵、宽温，强光下仍清晰可见。

（5）对比度：手动调节显示屏灰度。

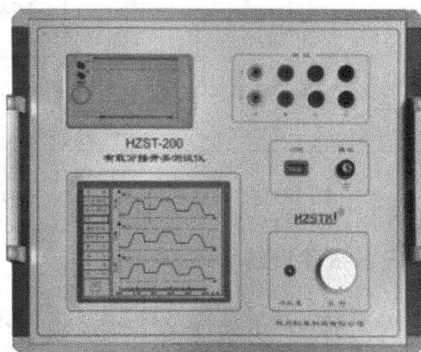

图 I1　HZST200 有载分接开关测试仪

（6）三键鼠标：左转、右转和按下再松开（确定键），组成了仪器的基本操作输入。

二、试验原理

（1）接触电阻测量。接触电阻的测量可采用双臂电桥进行，根据变压器的实际检修状态进行可测部位的测量工作，非可测部位可在进行绕组直流电阻测量时间接得到验证。

（2）过渡电阻测量。过渡电阻的测量可在切换开关芯子吊出时，使用单臂电桥（惠斯登电桥）或数字万用表进行直接测量，也可在测量过渡波形中间接得到动态过渡电阻。

（3）切换特性试验。切换特性试验又称切换时程试验或切换时间试验。对于有载调压开关的测试，传统的方法是将变压器中的开关切换部分吊出来，与光线示波器进行连接，组成手动转动传动机构，待储能机构快速释放，启动光线示波器进行录波，然后观察波形并判断试验结果。

测试仪器采用高稳定的恒流源，通过特殊的电感匹配电路，可以快速测量得到切换开关的过渡波形。由于采用了全新的测量原理并运用计算机技术，因此无须进行切换开关的吊出即可带绕组进行测试工作，显示和打印过渡过程的波形和参数，以及过渡电阻的动态电阻、三相同期性等参数，判断有载分接开关的动作特性。

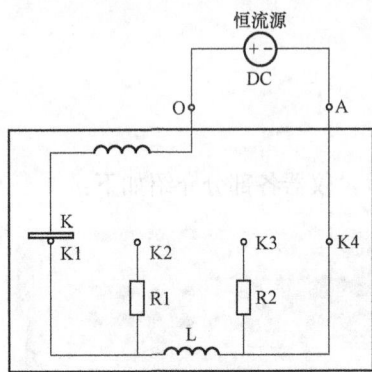

图 I2　测量原理

HZST200 有载分接开关测试仪具有三路独立的稳压电源，适合进行无绕组测量工作，三路独立的恒流源适合带绕组的测量工作。测量原理如图 I2 所示，线框内为单相变压器和有载分接开关连接的结构示意图。切换开关 K 从 K1～K4 或从 K4～K1 完成一个切换过程。恒流源加在 O、A 两端，通过检测这两端电压可以得到开关切换的过渡波形和过渡电阻。

三、试验接线

根据不同的试品情况选择接线方式，并按示意图完成连接；再用短路线将试品的其他二次侧绕组短路并接地。

（1）Yn 接线。Yn 接线（有中性点引出）如图 I3 所示。

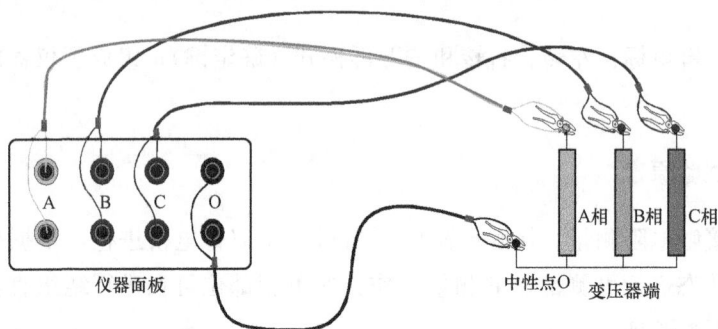

图 I3　Yn 接线（有中性点引出）

（2）Y 接线。Y 接线方式为无中性点引出，此方式每次只能测试其中两相，另一相作为中性点；C 相必须接地，在"测试设置"菜单面设置 C 相接地。Y 接线（无中性点引出）如图 I4 所示。

（3）△接线。与 Y 接线方式相同，此方式的测试结果只能作为一般性判断，每次可以测试其中一相或者两相。

（4）无绕组接线。对于变压器厂生产的或吊芯处理的变压器，测试前应将所有分接位短路（即原来接绕组的地方用短路线代替），再将黄、绿、红、黑测试夹分别接有载开关的 X1、Y1、Z1、O 上。

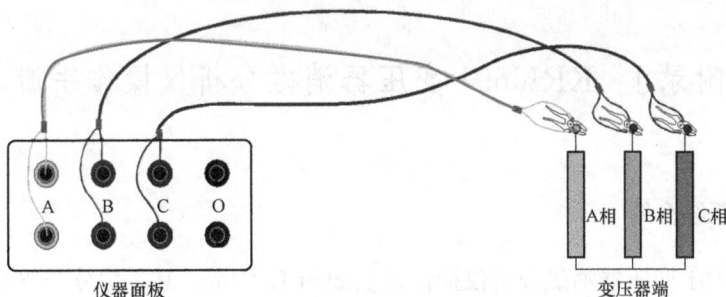

图 I4　星形接线（无中性点引出）

四、注意事项

（1）试验前为防止变压器剩余电荷或感应电荷伤人、损坏试验仪器，应对被试变压器进行充分放电。

（2）试验仪器外壳可能会带电，导致试验人员触电。仪器外壳接地要牢固、可靠。

（3）试验仪器的高、低压线不能接反，否则将产生高压危及试验人员和仪器安全。

（4）试验结束后，应先将变压器的测量部位放电、接地，再进行变更接线、拆线。

五、试验标准

（1）基准周期为 1 年的检查项目：

1）储油柜、呼吸器和油位指示器，应按其技术文件要求检查。

2）在线滤油器应按其技术文件要求检查滤芯。

3）打开动作机构箱，检查是否有松动、生锈；检查加热器是否正常。

4）如有可能，通过操作一步再返回的方法，检查电动机和计数器的功能。

（2）以下项目在电压等级 110（66）kV 及以上基准周期为 3 年，35kV 及以下基准周期为 4 年：

1）手摇操作正常下，就地电动和远方各进行一个循环的操作，无异常。

2）检查紧急停止功能和限位装置。

3）在绕组电阻测试之前检查动作特性，测量切换时间；测量过渡电阻，电阻值的初值差不超过±10%。

4）油质试验：要求油耐受电压不小于 30kV；不满足要求时需要对油进行过滤处理，或者更换新油。

附录 J KRI6691 变压器消磁分析仪操作手册

一、系统介绍

KRI6691 变压器消磁分析仪操作面板如图 J1 所示，其各部分介绍如下：

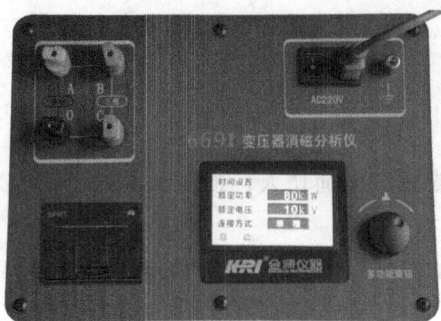

图 J1 KRI6691 变压器消磁分析仪操作面板

（1）交流电源输入：整机 AC 220V 交流电源输入口，带有开关及熔断器，最高允许电流 A。

（2）接地柱：为整机外壳接地用，属保护地。

（3）消磁电源接线柱：为消磁电源输出接线柱，分别对应变压器 A、B、C、O 绕组接线。

（4）打印机：打印测试时间及测试结果。

（5）显示器：彩色液晶显示器，显示选择菜单及测试结果等信息。

（6）多功能旋钮：仪器信息输入及测试等输入操作旋钮。

二、测试与操作方法

（一）接线

把被测试品通过专用电缆与本机的测试接线柱连接。接线应依据变压器或互感器高压端相应绕组对应接线柱标号连接，三相变压器无中性点的需要将 O 柱悬空连接，单相测试连接 A - O 接线柱即可。同时应把地线接好，线钳端应分别夹在测试试品的相应端。

将本机附带电源线连接至交流电源输入口。如果误将电源接成 AC 380V，打开电源开关仪器内部保护起作用，蜂鸣器将一直报警，仪器内部供电切断，此时需要检查供电电源是否正确。

（二）选择设置

（1）开机设置。打开电源开关，显示屏上会显示"金源仪器"界面，停留大约 3s 会自动跳过进入选择设置主界面，选择设置界面如图 J2 所示。

（2）时间设置。通过多功能旋钮，在图 J2 所示的界面中选中"时间设置"选项，选中后将被红色点亮。确认"时间设置"，依次修改确认各时间选项，修改完成返回"时间设置"选项。

（3）额定功率输入。通过多功能旋钮，在图 J2 所示的界面中选中"额定功率"选项，选中后将被红色点亮。确认"额定功率"，旋转旋钮由高到低位输入各位信息，确认功率单位输入将自动退出，输入完成（额定功率参照变压器或互感器铭牌）。

图 J2　选择设置界面

（4）额定电压输入。通过多功能旋钮，在图 J2 所示的界面中选中"额定电压"选项，选中后将被红色点亮。确认"额定电压"，旋转旋钮由高到低位输入各位信息，确认电压单位输入将自动退出，输入完成（额定电压参照变压器或互感器铭牌）。

（5）连接方式输入。通过多功能旋钮，在图 J2 所示的界面中选中"连接方式"选项，选中后将被红色点亮。确认"连接方式"，旋转旋钮选择连接方式（包括三相 Yn、三相 Y、三相△、单相），确认选项将自动退出，选择完成（连接方式选择参照变压器或互感器铭牌及接线方式进行选择）。

（三）启动消磁

通过多功能旋钮，在图 J2 所示的界面中选中"启动"选项，选中后将被红色点亮。确认"启动"，仪器将按照输入信息进入消磁界面进行消磁测试。单相消磁测试界面如图 J3 所示，三相消磁测试界面如图 J4 所示。

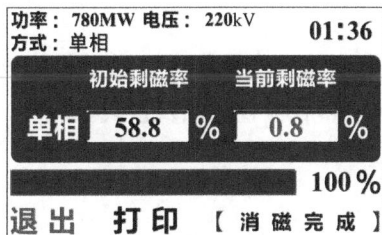

图 J3　单相消磁测试界面　　　　图 J4　三相消磁测试界面

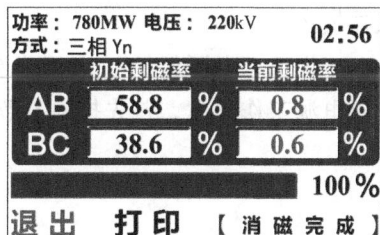

仪器自动对变压器或互感器进行消磁及测试，消磁测试完成显示"初始剩磁率"及消磁后的"当前剩磁率"。消磁过程中有进度百分比及进度条指示，进度到 100% 消磁完成。

（四）打印数据

消磁测试完成方可打印数据，通过多功能旋钮选中"打印"选项，确认"打印"即可打印测试时间、输入信息、测试结果等信息。

（五）退出测试

通过多功能旋钮选中"退出"选项，确认退出即可结束测试。返回"选择设置"界面。

三、注意事项

（1）正确输入试品参数是决定试品是否消磁彻底的关键，分体变压器要以分体后参数输入，额定电压是指消磁所加线圈额定电压。

（2）消磁测试应接变压器或互感器高压侧进行消磁，否则将影响消磁效果。

（3）在拆线前，一定要等放电结束后，再进行拆换线。

四、常见问题及解决方法

（1）不能开机，蜂鸣器一直鸣叫。出现此种情况首先检查电源是否接插了AC 380V电源或是输入电压过低。

（2）开机液晶屏不能点亮。出现此种情况首先检查电源是否正常，然后检查熔断器是否已经熔断，如熔断检查熔断器是否规格适合，然后换新重试。

（3）开机液晶屏点亮但显示不正常或无法显示。出现此种情况首先重新开机一次，或检查是否有其他干扰源。

（4）测试停止，进度条长时间不动。出现此种情况首先停止测试，然后检查测试线是否有虚接、松动，试品是否短路或非感性负载。如果还不能解决，检查输入参数是否正确。

（5）提示"内部故障"。出现"内部故障"提示，可开机重试。故障依旧说明仪器损坏。

（6）提示"电源保护"。出现此种情况是由于输入参数错误，及试品问题导致消磁电源工作异常。首先排除参数输入错误，然后检查试品及接线。

附录 K　T630 红外测试仪操作手册

一、仪器介绍

T630 红外测试仪如图 K1 所示。相关的组件较多，按照仪器结构主要分为四个面，依次为正面、侧面、背面、底面。简要介绍如下：

（1）正面。目镜/液晶显示器切换按键：主要用于看屏幕时的镜头切换；可编程按钮：用于编程调节仪器内部参数；操纵杆：用于拍摄时对镜头捕捉点的操纵；模式/返回：进行两种功能的切换；手柄带：用于检测时套在手上防止仪器跌落；电源键：用于开机关机；查看图片按钮：点击可查看历史拍摄图片；自动手动切换：用于自动和手动拍摄模式切换；红外/可见光：用于两种拍摄模式切换；液晶屏自动调节亮度传感器：根据环境亮度自动调节屏幕亮度。

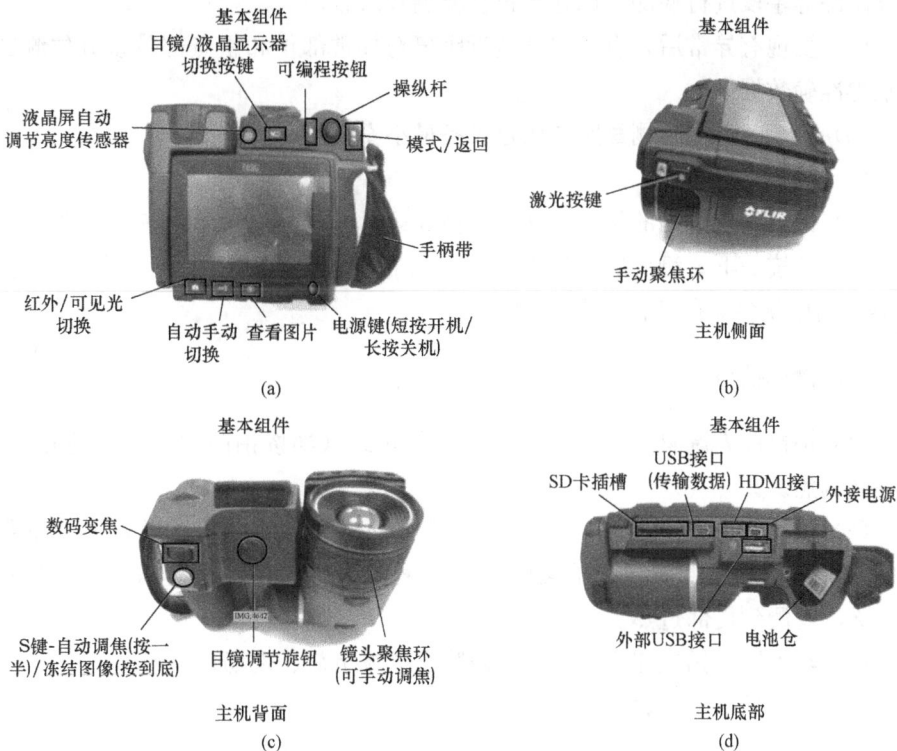

（a）

（b）

（c）

（d）

图 K1　T630 红外测试仪

（a）主机正面；（b）主机侧面；（c）主机背面；（d）主机底部

（2）侧面。激光按钮：按下后仪器发出激光，对测点进行精确定位；手动聚焦环：拍摄时通过转动该环进行手动聚焦。

（3）背面。主要用于拍摄是的焦距和镜头调整。

（4）底部。主要用于图谱数据的存储和电源连接电池安装等功能。

二、操作步骤

（1）仪器开机，进行内部温度校准，待图像稳定后对仪器的参数进行设置。

（2）根据被测设备的材料设置辐射率，作为一般检测，被测设备的辐射率一般取 0.9 左右。

（3）可采用自动量程设置。手动设置时仪器的温度量程宜设置为 T_0-10（K）至 T_0+20（K）的量程范围，其中 T_0 为环境温度。电压致热型温度不超过 5K。

（4）半按拍照键进行自动调焦，开始测温，远距离对所有被测设备进行全面扫描，半按拍照键进行自动调焦，并结合数值测温手段，如热点跟踪、区域温度跟踪等手段进行检测，以达到最佳检测效果。

（5）发现有异常后，有针对性地近距离对异常部位和重点部位多方位测试，以获得准确数据。

（6）测温时，实际测量距离满足设备最小安全距离。

（7）拍照记录。

（8）记录发现缺陷的位置、间隔名称和运行方式，并记录缺陷设备的负荷。

（9）短按一下 S 键到底冻结图像，查看目标温度，如要保存，按住 S 键保持 1s，图像就会保存到存储卡里。

三、操作技巧

（1）拍摄前先调整好焦距，可自动调整焦距（半按拍照键）或手动旋镜头聚焦环调焦。

（2）调整好图片对比度，左右拨动操作杆，可自动或手动设置温度量程，使图像发热点对比度清晰。拍摄电压致热型设备时，必须手动调整温度量程，不然无法观测到局部过热。

（3）红外图片拍摄完成后，记录缺陷点电流负荷、现场环境温度。

（4）相对温差，计算如下

$$\delta_t = (T_1-T_2)/(T_1-T_0)\times 100\% \tag{K1}$$

四、注意事项

（1）测试时看看设备是否是运行状态。

（2）测试时根据环境天气等原因分析是否有其他影响，如反光、有水渍等。

（3）测量电压致热型设备时温升一般比较低。

（4）天气以阴天、多云为宜，夜间图像质量为佳。

五、试验标准（见表 K1）

表 K1　　　　　　　　　　　　常 用 材 料 辐 射 率

材料	温度（℃）	辐射率近似值	材料	温度（℃）	辐射率近似值
强氧化铝	25～600	0.3～0.4	亮漆（所有颜色）	—	0.9
氧化黄铜	200～600	0.59～0.61	非亮漆	—	0.95
加工铸铁	20	0.44	电瓷	—	0.9～0.92

附录 L　TETA-10 变压器铁芯接地电流测试仪操作手册

一、仪器介绍

变压器铁芯接地电流测试仪如图 L1 所示，仪器包括主机和电流钳，其中，①为电流输入，用于连接钳形电流互感器；②为液晶屏，用于显示各种操作和测量数据及交流波形；③为键盘，用于各种功能的操作及参数设置；④为开关，是仪器的电源开关。

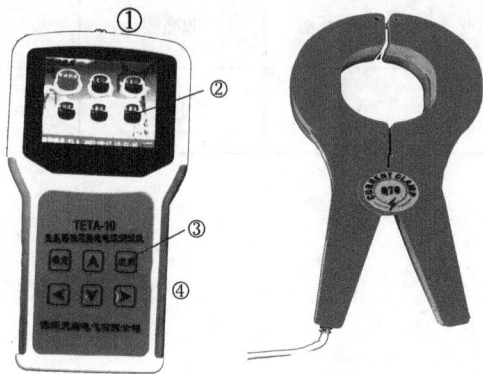

图 L1　TETA-10 变压器铁芯接地电流测试仪

二、操作说明

(1) 变压器铁芯接地电流试验接线如图 L2 所示（推荐使用）。

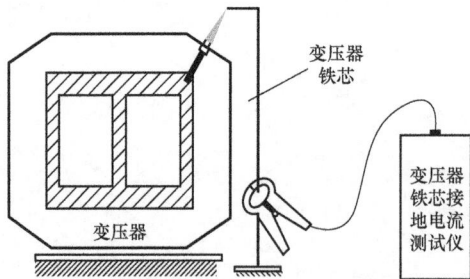

图 L2　变压器铁芯接地电流试验接线

(2) 当仪器按要求接好测试线，打开电源开关，液晶显示主界面，主界面如图 L3 所示。

图 L3　主界面

（3）开始测试。在主界面下，按"←""→"，选择"开始测试"功能按钮后，按"确定"键进入"正在测试…"界面，在"正在测试…"界面，按"←""→"键选择修改选项，按"↑""↓"键修改某位数据；按"确定"键，保存当前数据及波形；按"返回"键，返回主界面。其中，报警电流是指超越上限报警的电流值，范围0～9.999A；试品编号是指用于区分不同被测试品的编号，以便在历史记录中查询和技术管理。"I＝×××.×A"是指被测变压器铁芯接地的泄漏电流；"F＝×××.×Hz"是指被测变压器铁芯接地电流的频率。

需要注意的是仪器具有自动放大波形的功能，因此不能根据波形幅值判断数据大小。

三、注意事项

（1）使用该仪器前请仔细检查接线正确无误。

（2）夹线钳与铁芯接地引下线成90°，引下线尽量从夹线钳中心穿过，并确认夹线钳接口闭合到位，引下线的部位尽量选取在变压器中部。

（3）试验中如出现过电流保护动作，须查明原因排除异常情况后方可继续试验；不可盲目操作，以免带来不必要的损失。

（4）仪器在测量时应避开主变压器上油箱与下油箱交接处的位置。

（5）仪器充电一般为1.5～2h，不使用仪器时应定时给仪器充放电，以免损坏内置锂电池。

四、试验标准

根据DL/T 596《电力设备预防性试验规程》规定，运行中铁芯接地电流不宜大于0.1A；运行中夹件接地电流不宜大于0.3A。

附录 M AI-6600C 电容电感测试仪操作手册

一、仪器介绍

AI-6600C 电容电感测试仪如图 M1 所示，主要包括仪器箱和主机两部分，其具体介绍如下：

（1）仪器箱内包括电压夹子、钳形电流表、充电器及主机。

（2）仪器主机包括电压输出接口（接电压夹子）、电流采样接口（接钳形电流表）、光标切换按键、"确认"键（单按"确认"键开机或确认，长按"确认"键 3s 以上即关闭电源）。

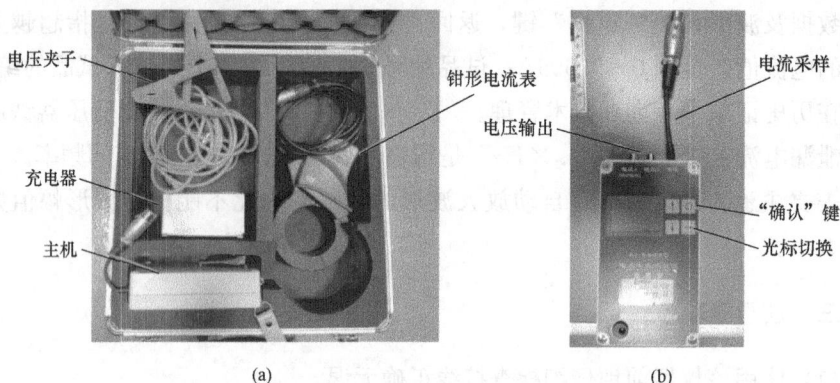

图 M1 AI-6600C 电容电感测试仪

(a) 仪器箱；(b) 仪器主机

二、仪器原理

在被试品（电容、电感）两端加上交流低压，用钳形电流表检测其流过的电流，根据 $I = \dfrac{U}{Z}$、$Z = \omega L = \dfrac{1}{\omega C}$ 计算电抗器电感或电容器电容。

三、试验接线

电容电感测试仪试验接线如图 M2 所示，将电压夹子夹于被试品两端，通过钳形电流表采样被试品流过电流。图 M2 中钳形电流表接在电容器 2 上，此时仪器测试的是电容器 2 的电容量。

电感电阻测量接线与此类似，单侧电流只需接钳形电流表，无须接电压线。

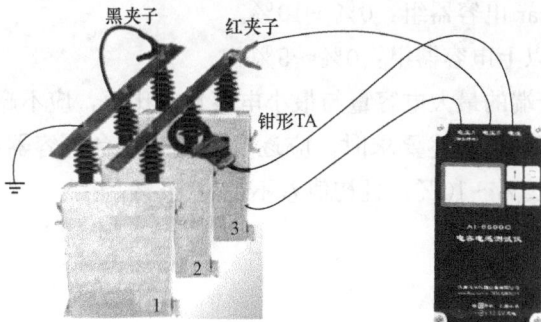

图 M2　电容电感测试仪试验接线

四、试验操作

（1）仪器启动后，默认为电容测试，如图 M3（a）所示，此时按"确认"键即可开始测试电容值。

（a）

（b）

图 M3　测量界面

（a）测试电容；（b）测试电感

（2）若需测试电感、电阻或电流，按→键将光标移至"电容"上，再按"↑"或"↓"键切换测试对象，如图 M3（b）所示。

五、注意事项

（1）电容放电后再连接仪器。

（2）钳形电流表很容易损坏，轻拿轻放，不要磕碰钳口，不要高处坠落。

（3）电压夹子未夹牢不能启动，否则输出电流冲击会引起仪器保护。

六、测试标准

依据 Q/GDW 1168《输变电设备状态检修规程》中对电容量测量的规定，电容器组的电容量与额定值的相对偏差应符合下列要求：

（1）3Mvar 以下电容器组：－5%～10%。

（2）3～30Mvar 电容器组：0%～10%。

（3）30Mvar 以上电容器组：0%～5%。

（4）任意两线端的最大电容量与最小电容量之比值，应不超过 1.05。

当测量结果不满足上述要求时，应逐台测量。单台电容器电容量与额定值的相对偏差应为－5%～10%，且初值差不超过±5%。

附录 N　绝缘电阻表操作手册

一、仪器介绍

绝缘电阻表如图 N1 所示，其主要包括主机和三根测试线，采用负极性（黑线）加压。其中主机上的测试模式旋钮可选择仪器测试模式，IR 代表测试任意时间绝缘电阻；IR（t）代表测 10min 绝缘电阻；DAR 代表测吸收比；PI 代表测极化指数。

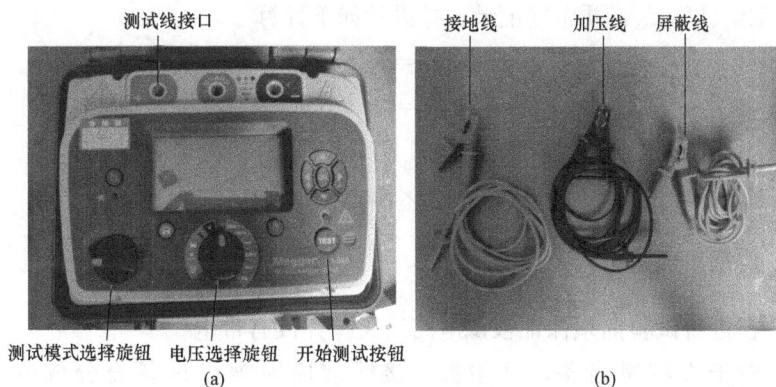

图 N1　绝缘电阻表

（a）主机；（b）测试线

二、试验接线

（1）不采用屏蔽线时，将绝缘电阻表的接线端子 L（黑线）接于被试设备的高压导体上，接地端子 E（红线）接于被试设备的外壳或接地点上。

（2）当采用屏蔽线时，绝缘电阻表的接线端子 L 接于被试设备的高压导体上，接地端子 E 接于被试设备的外壳或接地点上，屏蔽端子 G 接于设备的屏蔽环上，以消除表面泄漏电流的影响，屏蔽环的安装位置如图 N2 所示。

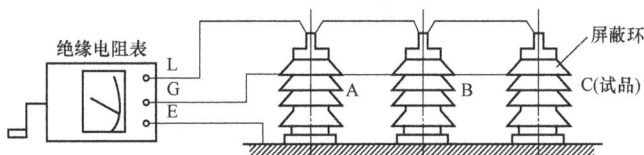

图 N2　屏蔽环的安装位置

三、试验操作

（1）保证所有试验端子都干净且处于良好状态，将其接到被试品上，高压输出线绑扎牢固。

（2）通过模式选择旋钮选择合适的测试模式，完成后通过电压选择旋钮选择合适测试电压，完成后长按（TEST）键开始测试。

（3）在试验进行的任何时间，可按下红色（TEST）按钮来中止试验，当中止试验时，被试品会自动放电。

（4）完成测试后，将电压选择旋钮打到 off 档，关闭测试仪器。

（5）测量吸收比和极化指数时，可分别在 15s、60s、10min 读取绝缘电阻值 R_{15s}、R_{60s}、R_{10min}，并做好记录，并进行如下计算

$$吸收比 = R_{60s}/R_{15s} \tag{N1}$$

$$极化指数 = R_{10min}/R_{60s} \tag{N2}$$

（6）不同温度的绝缘电阻可进行如下换算

$$R_2 = R_1 \times 1.5^{(t_1-t_2)/10} \tag{N3}$$

四、注意事项

（1）在进行试验前须保证被试电路已关掉并没有带电。

（2）对于大容量设备，开始拆、接线前应对被试设备充分放电，以防伤人。

（3）对于高压大容量的电力变压器，若因湿度等原因造成外绝缘对测量结果影响较大时，应尽量在相对湿度较小的时段（如午后）进行测量。在空气相对湿度较大的时候，应在被试品上装设屏蔽环，并接到表上的屏蔽端子上，以减小外绝缘表面泄漏电流的影响。

（4）当有较大感应电压时，必须采取措施防止感应高压损坏仪表和危及人身安全。

（5）如测得的绝缘电阻值过低，应进行分解测量，找出绝缘最低的部分。

（6）绝缘电阻表的 L 和 E 端子不能对调，与被试品间的连线不能交叉或拖地。测试线不要与地线缠绕，尽量悬空。

五、试验标准（见表 N1）

表 N1　　　　　　　　　　　试　验　标　准

设备	项目	标准
油浸式变压器 和电抗器， 干式变压器、 电抗器、消弧线圈	铁芯绝缘电阻	≥100MΩ（新投运 1000MΩ，注意值）
	绕组绝缘电阻	1）无显著下降； 2）吸收比不小于 1.3 或极化指数不小于 1.5，或绝缘电阻不小于 10000MΩ（注意值）
电流互感器	绝缘电阻	1）一次绕组：一次绕组的绝缘电阻应大于 3000MΩ，或与上次测量值相比无显著变化； 2）末屏对地（电容型）：>1000MΩ（注意值）
电容式电压互感器	分压电容器试验	极间绝缘电阻：≥5000MΩ（注意值）
	二次绕组绝缘电阻	≥10MΩ（注意值）
高压套管	绝缘电阻	1）主绝缘：≥10000MΩ（注意值）； 2）末屏对地：≥1000MΩ（注意值）
耦合电容器	绝缘电阻	1）极间绝缘电阻：≥5000MΩ； 2）低压端对地绝缘电阻：≥100MΩ
电力电缆	主绝缘电阻	无显著变化（注意值）

参 考 文 献

[1] 沈阳变压器厂. 变压器试验 [M]. 修订本. 北京：机械工业出版社，1987.

[2] 张古银，郭守贤. 高压互感器的绝缘试验 [M]. 上海：上海科学技术文献出版社，1995.

[3] 曹华实. 高压开关出厂与现场试验 [M]. 北京：水利电力出版社，1993.

[4] 严璋. 电气绝缘在线检测技术 [M]. 北京：水利电力出版社，1995.

[5] 胡启凡. 变压器试验技术 [M]. 北京：中国电力出版社，2010.

[6] 陈家斌. 电气设备故障检测诊断方法及实例 [M]. 北京：中国水利水电出版社，2003.

[7] 华北电网有限公司. 高压试验作业指导书 [M]. 北京：中国电力出版社，2004.